1分間サイエンス

手軽に学べる
科学の重要テーマ200

ヘイゼル・ミュアー /著
伊藤伸子、内山英一、片神貴子、
竹崎紀子、日向やよい/訳

SB Creative

はじめに

科学は自然界を理解するためのすばらしく強力なツールです。科学のおかげで、137億年前※の大爆発で宇宙が誕生したという確かな証拠が得られました。複雑な生命体がもつ遺伝子コードの解読も、20世紀だけで推定5億人もの命を奪った天然痘の根絶も、可能にしたのは科学です。問題を解決したいなら、科学的な考え方こそ、手に入る最高のツールなのです。

ところが、科学の本といえば難しくて、途中で投げ出したくなるものが多いのも事実です。この本は、読みやすく易しい表現で、科学の重要なテーマの数々を紹介することを目指しました。アインシュタインの相対性理論（p.10およびp.11参照）の肝心要（かんじんかなめ）の部分だけを知りたい、ヒツジのクローンをつくる（p.107参照）って要するにどういうこと？　そんな声にお応えする、科学の手軽なガイドブックです。一人でも多くの方が興味のもてるテーマを見つけて、もっと調べてみようと思ってくだされば何よりです。

わかりやすいように全体を物理、化学、生物といったグループごとにまとめ、知りたい項目を探せるようにし

※原著制作時（2011年頃、以下同）の定説。2019年現在、138億年前とされている

ました。テーマを200に絞るのは容易ではありませんでしたが、細胞分裂の仕組みとか、レーザーの原理といった基本的なことがらはもちろん、最先端の研究分野の話題も盛り込みました。たとえば、幹細胞治療はすでに現実のものですし、太陽系の外にある驚異に満ちた惑星の探査も、ますます盛んになっています。

そうした最新の野心的な試みを見るにつけ、科学は大昔に確立された理論を丸暗記することでは決してないのだと、あらためて思い知らされます。私たちがまだ知らないものごとを発見することが、本当の科学なのです。恐ろしい病気や気候変動をどうしたら防ぐことができるのか？　そもそも生命はなぜ存在するのか？　宇宙に存在する物質の多くは、まだその正体さえわかっていません。その一方で、地球の海の最深部に到達した人の数より、月面に足跡をしるした人の数のほうが多くなっています。科学の本当の醍醐味（だいごみ）は、推理小説さながらの謎解きにあります。その楽しさは、これからもずっと、科学を志す人々を引きつけてやまないでしょう。

ヘイゼル・ミュアー

1分間サイエンス

手軽に学べる科学の重要テーマ200

CONTENTS

サイエンス・アイ新書

SB Creative

001

運動

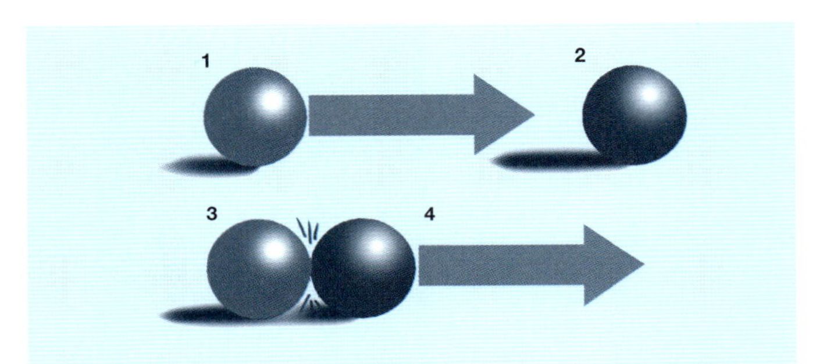

1 速度vで近づいている質量mのボールの運動量はmv
2 静止している第2のボールも質量mだが、運動量はゼロ
3 ボールが衝突すると、第1のボールがぴたりと止まる
4 第1のボールの運動量がすべて第2のボールに移動し、第2のボールは速度vで遠ざかる

物理学では、速度、加速度、変位（運動している物体がもとの位置から移動した距離）などの量を使って物体の運動を説明します。速度はベクトルで表され、物体の速さとともにその方向も示します。一方、力というのは、物体の速度を変えるために押したり引いたりする作用のことであり、力を加えると加速度（単位時間あたりの速度の変化）が生じます。

ニュートンの運動の法則（p.7参照）は、自動車や飛行機など、光の速さよりずっとゆっくり移動する日常的な物体について、力と加速度の関係を説明するものです。運動量とは、物体の質量と速度の積のことです。運動量は「保存」され、ほかの影響が何もなければ変化しません。たとえば、はじき合うビリヤードのボールが2個あったとして、その全運動量は衝突の前も後も同じです。

ある物体の運動エネルギーは、物体の質量に速度の2乗をかけて2で割ったものに等しく、静止状態からその速度にまで加速するには、どれほどの仕事が必要かを表しています。

ニュートンの運動の法則

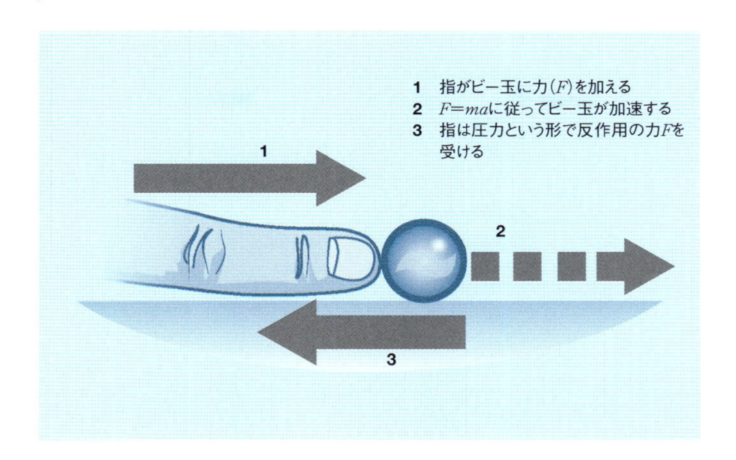

アイザック・ニュートンが1687年に発表した3つの運動の法則は、物体にはたらく力と、その力によって生じる運動との関係を説明しています。

第一法則は、ある速さで動いている物体は、力がはたらかない限りその速さのまままっすぐに動くというものです。つまり、力がはたらかなければ加速されません。第二法則では、力(F)は、物体の質量(m)に反比例する量(a)だけ物体を加速することを示しています。すなわち、$F = ma$です。第三法則は、ある物体がもう1つの物体に力(「作用」の力)を加えると、もう1つの物体からも最初の物体に対して同時に、同じ大きさで反対方向の「反作用」の力が加わるというものです。たとえば、ボートから桟橋に降りると、ボートは反作用で離れていきます。

ニュートンは、これらの法則と万有引力の法則(p.9参照)を組み合わせれば、太陽を回る惑星の軌道がきちんと説明できることを示しました。しかし、極めて速く動いている物体や、極めて強い重力場の中にある物体にこの説明は有効ではなく、相対性理論(p.10およびp.11参照)が必要です。

向心力と遠心力

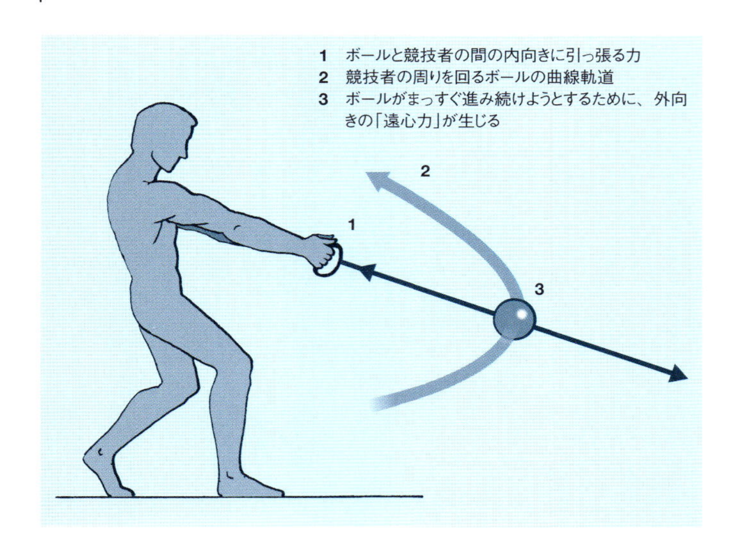

向心力というのは、物体を曲線軌道で動かす力です。ニュートンの万有引力の法則(p.9参照)における重力も、向心力の一例です。惑星は重力という向心力で引っ張られ、軌道の中心にある恒星に向かって常に加速されているおかげで、恒星の周りを回っていられるのです。この向心力がなければ、惑星は宇宙空間へすっ飛んでいってしまうでしょう。

ひもでつないだテニスボールを頭の上でぐるぐる回すと、ボールは向心力に「引っ張られている」と感じます。向心力は遠心力(外向きの力)と混同されることが多いのですが、遠心力は「見せかけの力」です。ジェットコースターに乗っているときの、外側に押し出されるような感覚は、この遠心力が原因です。

ニュートンの運動の第三法則(p.7参照)に従えば、遠心力は向心力に対する反作用の力ともいえます。ひもにつながれたテニスボールの場合、ぐるぐる回っているボールは回している人に対し、外向きの遠心力を及ぼします。

ニュートンの万有引力の法則

1687年に発表されたアイザック・ニュートンの万有引力の法則によって、惑星や恒星が相互の重力で引き合う仕組みが、初めて数学的に明確に説明されました。

ニュートンがこの理論の着想を得たのは、木から落ちるリンゴを見たときでした。落下するリンゴは地面に向かって加速します。ニュートンは自身の運動の法則（p.7参照）から、リンゴに何らかの力がはたらいているに違いないと推論し、それを重力と呼びました。遠く離れたものにもこの力が及ぶのなら、月が地球を周回していることも説明できそうです。つまり、月は常に地球へと「落下」していますが、ちょうどよい速さで回っているおかげで落ちも飛び出しもせず、軌道にとどまっているというわけです。

次にニュートンは、質量のある2つの物体間の重力が、それらの質量の積に正比例して強くなり、距離の2乗に反比例して弱くなることを示しました。しかし、困ったことにこの理論では、力がいかにして何もない空間を伝わるのか説明できませんでした。この問題は、アルベルト・アインシュタインの一般相対性理論（p.11参照）で解決されます。

005

特殊相対性理論

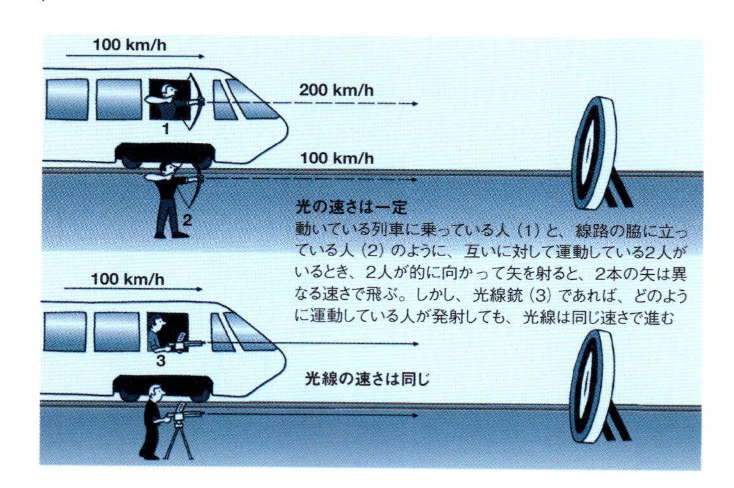

特殊相対性理論は、アルベルト・アインシュタインが1905年に発表した運動の理論です。アインシュタインは2つの基本原理に基づいて、この理論を展開しました。1つ目は、物理法則は一定の速度で動く観測者すべてに共通でなければならないというもの。2つ目は、光源がどのような速さで動いていようと、光の速さは常に一定であるというものです。

相対性理論は、時間と空間の普遍的な基準が存在しうるという考えを放棄しています。物体の長さや時間の間隔は、誰が測定するかによって決まるというのです。たとえば、観測者に対して光速に近い速さで動いている列車があるとしましょう。観測者には列車の長さは乗客が測るよりも短く感じられ、また、列車内の時計もゆっくり進んで見えます。

これは単なる幻覚ではありません。実際のところ、地球の大気中を高速で動く不安定な粒子は、実験室で静止している粒子より、はるかにゆっくり崩壊することが、測定によって示されています。なお、特殊相対性理論においては、質量のある物体は真空中であっても光速で進むことができません。光速で進むには、無限大のエネルギーが必要となるのです。

一般相対性理論

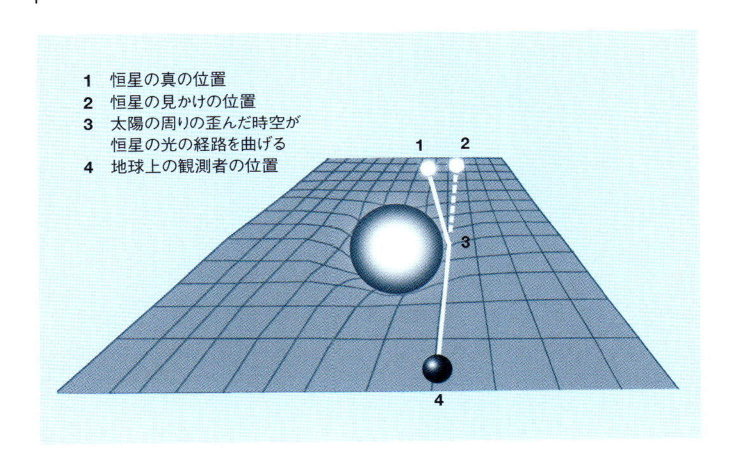

一般相対性理論はアインシュタインが1915年までに構築した重力理論です。ニュートンの万有引力の法則(p.9参照)とは違って、重力を「遠隔作用」とはとらえず、幾何学的に曲がった空間が生む自然な結果だと考えます。惑星のように質量が大きい物体は、自身の質量がもたらした時空の歪み(ゆが)の中で、その曲がり方に応じて動くというわけです。物体によって空間の曲がり方が決まり、曲がり方によって物体の運動が決まります。

三次元で可視化するのは難しいのですが、恒星の質量によって二次元のシートがくぼむ様子を想像するとよいでしょう。近くにある惑星は、ルーレット盤のボールのように曲線運動を強いられます。

一般相対性理論の予測の一部は、ニュートンの万有引力の予測とは異なっています。太陽の重力によって、その背後にある恒星からの光が曲がるという点は同じなのですが、アインシュタインの理論に従えば、ニュートンの予測より2倍も大きく曲がることになります。実際に日食で太陽光が遮られるときに測定すると、一般相対性理論の正しさを示す結果が得られます。相対性理論は今のところ、見事すべての検証に成功しています。

温度と圧力

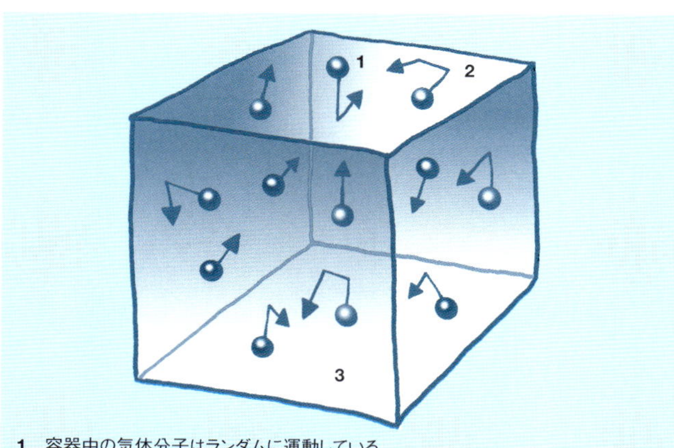

1　容器中の気体分子はランダムに運動している
2　温度が上がると分子の運動が速くなる
3　気体分子が容器の壁やほかの分子と衝突し、圧力が生じる

温度というのは物体の熱さの尺度であり、物体に含まれる分子の運動エネルギーの量を反映しています。大半の国では共通化のために、水の凝固点を0℃、沸点を100℃とした、摂氏という単位で温度を測っています。米国で使われている華氏の場合は、水は32°Fで凍り、212°Fで沸騰します。

物体は分子の運動エネルギーが小さくなると温度が下がりますが、熱力学の法則（p.16参照）からは、それ以上低くなりえない温度というものの存在が予測されます。それが－273.15℃（－459.67°F）の「絶対零度」です。理論的には、この温度ですべての粒子が静止します。

圧力は、ある物体が別の物体に及ぼす単位面積あたりの力をいいます。気体の圧力であれば、気体がその容器の壁に及ぼす力です。圧力の標準単位としてはパスカル（1平方メートルあたり1ニュートンの力）が使われており、地球の海抜ゼロメートルにおける気圧は約10万パスカルです。

熱伝達

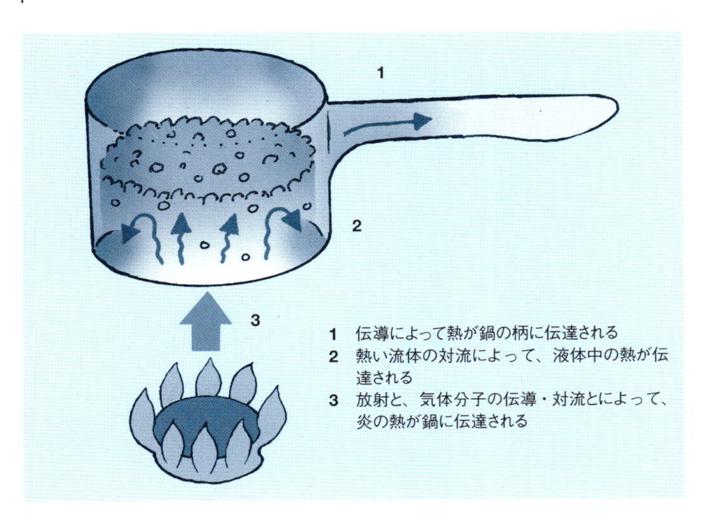

熱は、伝導、対流、電磁放射（p.28参照）という3つの方法で物体を伝わります。また、伝導や対流とは異なり、放射は何もない空間を介してエネルギーを伝えることもできます。

伝導とは、物体自体はまったく動かず、温度の高い部分から低い部分へと熱だけが力学的に移動することです。気体や液体では、分子がランダムに動く際に衝突したり、拡散したりして熱が伝わります。固体では、分子が互いに振動したり、自由電子が運動エネルギーを原子から原子へ運んだりすることで熱が伝わります。もっとも優れた熱伝導体は金属です。

液体と気体、すなわち流体は、全体が動く対流によっても熱を伝えます。太陽の大気を例にとると、高温の気体の泡は上にのぼり、温度の低い層に熱を運んだ後、温度が下がって沈んでいきます。熱伝達はまた、放射によって物体から物体へエネルギーが運ばれるときにも起こります。たとえば、太陽光は地球の大気や表面の分子を振動させ、地球を暖めています。

ブラウン運動

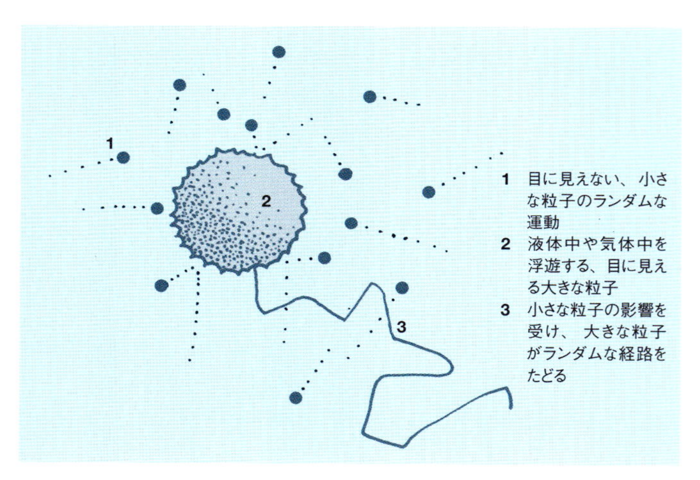

ブラウン運動とは、空気中の煙粒子など、液体や気体の中に浮遊している比較的大きな粒子の、小刻みでランダムな運動のことです。植物学者であったスコットランド人、ロバート・ブラウンが1827年に子細に研究したので、その名にちなんで名づけられました。

ブラウンは水中の花粉から出た細かな粒子を観察し、小刻みに動いてジグザグの経路をたどることに気づきました。その後1905年にアルベルト・アインシュタインが、大きな浮遊粒子のこの動きは、自身の熱エネルギーで動く小さな液体分子と絶えずぶつかっているためだと仮定し、ブラウン運動が数学的に予測できることを示しました。たとえば、浮遊粒子の変位は経過時間の平方根に比例する、といった予測を導き出したのです。

ほどなくフランスの物理学者、ジャン・ペランの実験によってアインシュタインの予測の正しさが確かめられ、目に見えない小さい原子や分子の存在も間接的に証明されました。今ではわかりきったことですが、当時はまだ、物体は粒でできているのではなく、無限に分割できるものと考えられていたのです。

仕事とエネルギー

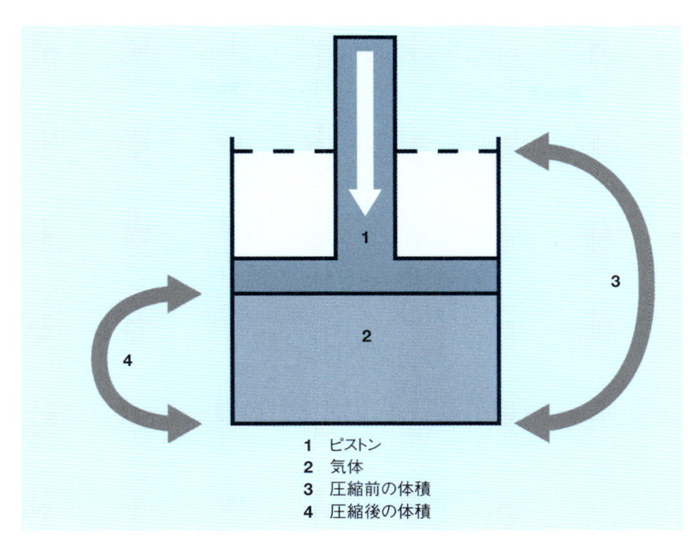

仕事とは力と運動がかかわる活動のことであり、エネルギーとは仕事をする能力のことです。エネルギーは「通貨」に少し似ていて、使えば減ってなくなります。物体の運動においては、与えられた力と動いた距離との積が仕事です。

熱力学においては、仕事の定義はもっと複雑になります。熱力学における仕事は、たとえば気体に「移動したエネルギー」のことです。ただし、外部圧力に逆らって気体を膨張させるなど、そのエネルギーが目に見える変化をもたらした場合に限られます。気体の粒子それぞれの熱運動が増えただけであれば、その投入された熱エネルギーは仕事に含みません。

可動ピストンの容器中の気体を圧縮するのに行われた仕事は、体積の変化に気圧をかけたものとほぼ同じです。また、気体の内部エネルギーの変化は、加えた熱から気体の行った仕事を引いたものに等しく、これが熱力学の第一法則（p.16参照）と呼ばれるものにあたります。

熱力学の法則

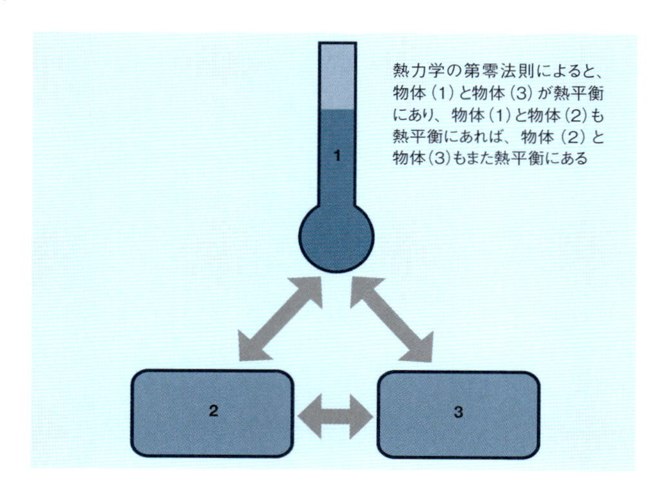

熱力学における4つの法則は、「熱力学系」における温度と仕事の関係を定めるものです。熱力学系とは、容器の中の気体分子など、熱エネルギーをもつあらゆる物体を指すあいまいな言葉であり、単に「系」と表現することもあります。

「熱平衡」は、互いに接触する2つの熱力学系が同じ温度に達し、エネルギーの正味の交換がない状態をいいます。「第零法則」によれば、ある熱力学系と熱平衡にある系が2つ存在するとき、その2つは互いに熱平衡です。直感として明らかなことですが、科学者たちはほかの3つの法則を定めたのちに、これを0番目の法則として提示する必要があると考えました。

第一法則は、孤立した系のエネルギーは保存されることを示しています。化学的エネルギーが運動エネルギーに変わっても、合計は同じなのです。第二法則は、エネルギーの質、すなわち仕事をする能力は変わっていき、閉じられた系であればエントロピー（実際の仕事に変えられないエネルギーの無駄）は必ず増大する、というものです。第三法則は、エントロピーは絶対零度（p.12参照）で最小になるといっています。

012

物質の相

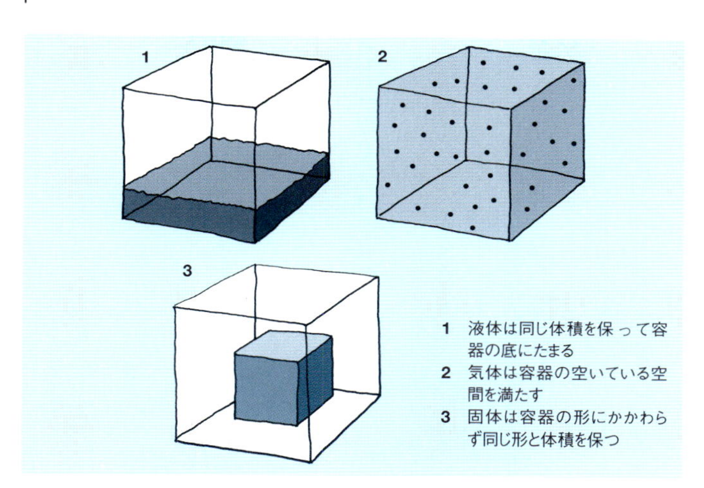

1　液体は同じ体積を保って容器の底にたまる
2　気体は容器の空いている空間を満たす
3　固体は容器の形にかかわらず同じ形と体積を保つ

かねてより、物質には固体、液体、気体という3つの相が存在するとされています。固体は粒子のぎっしり詰まった、体積も形も変わらない物体というのが伝統的な定義です。液体は同じ体積を維持しますが、流れて容器の底にたまり、気体は広がって空いている空間全体を占めます。

圧力や温度が変化すると、相の転移が起こります。普通の大気圧では、純粋な水は0℃以上で溶けて固体の氷から液体になり、100℃で沸騰して水蒸気になります。沸騰中のやかんに存在する水分子を見ると、個々のエネルギー量はまちまちで、その分布は釣鐘（つりがね）形の曲線になります。つまり、液相と気相が共存しているわけです。いわゆる物質の三重点では、3つの相すべてが共存できます。たとえば、非常に圧力の低い0.01℃の容器中では、氷、水、水蒸気の3つが混在することがあります。

プラズマは焼けるように熱い電離した（電荷を帯びた）気体で、物質の第4状態と呼ばれることもあります。太陽のような恒星からは、星間空間へプラズマが流出しています。さらには、ボース・アインシュタイン凝縮体（p.42参照）など、もっと風変わりな物質の状態もあります。

表面張力

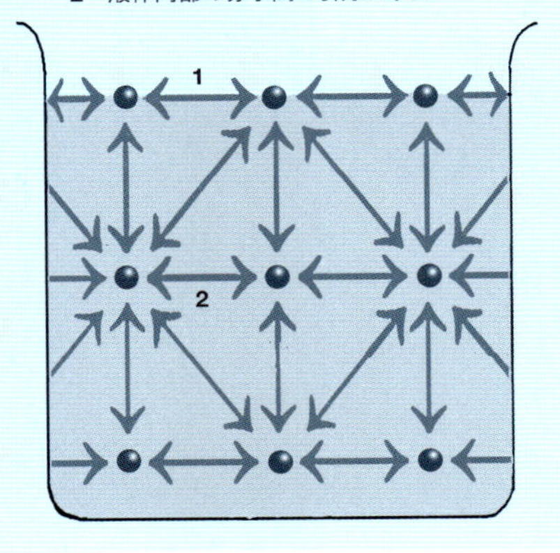

表面張力は、液体の表面にある分子が内側に引っ張られることによって生じる、表面積をできるだけ小さくしようとする力です。表面張力によって表面が実質的に強くなるので、縫い針などの小さな物体なら、水より密度がずっと大きくても水に「浮く」ことができます。

液体の内部は、隣接する分子があらゆる方向に等しく引き合う綱引き状態なので、引っ張る力はすべて相殺されます。しかし、表面にある分子だけは外へと引かれる力がないため、互いに引き合う力および内へと引かれる力によって、表面積が最小になります。

表面張力によって水滴は小さくまとまり、もしも重力などのほかの力がなければ球になります。体積に対する表面積がもっとも小さいのは、球の形をしているときなのです。池に目をやると、表面張力を利用している動物がたくさん見つかります。たとえば、どこにでもいるアメンボという昆虫は、表面張力に頼って水の上を進み、脚や体にある感覚毛によって、近くにいる獲物の振動を感知しています。

アルキメデスの原理

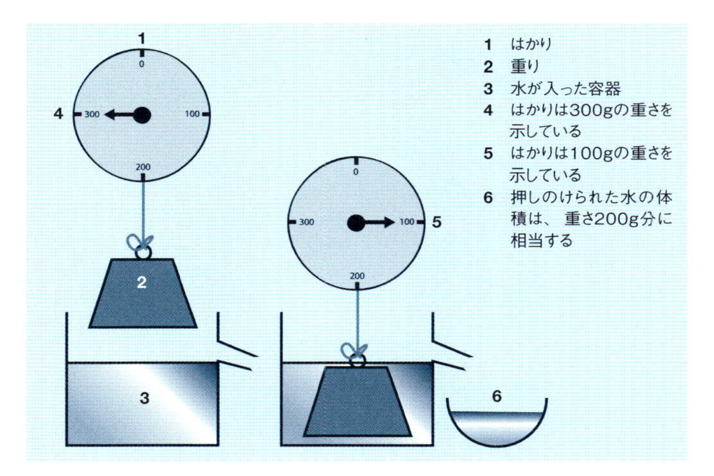

アルキメデスの原理は、流体（液体および気体）の中に沈んだ物体にかかる浮力は、その物体が押しのけた流体の重さに等しいというものです。物体の平均密度が流体の密度より大きければ、その物体は沈みます。

アルキメデスは、紀元前3世紀にギリシャで活躍した科学者であり、技術者です。のちの歴史学者がいうには、純金でつくったとされる王冠に安価な銀が含まれていることが疑われ、アルキメデスに調べるよう命令が下ったようです。悩めるアルキメデスは風呂に入ったときに、湯船に入ると水位が上がることに気づきました。そして、王冠を水に入れ、押しのけられた水の体積を量れば王冠の体積がわかるので、王冠を傷つけることなく、その密度と純度を計算できると悟ったのです。

そのときアルキメデスは裸のまま通りに出て、「ヘウレーカ！」と叫びながら走り回ったと伝えられています。これは「わかった」という意味のギリシャ語です。アルキメデスの原理を使えば、船が浮かぶ理由も、熱気球が上昇する理由（気球中の暖かい空気は、外側の冷たい空気よりも密度が小さい）も説明できます。

015

流体力学

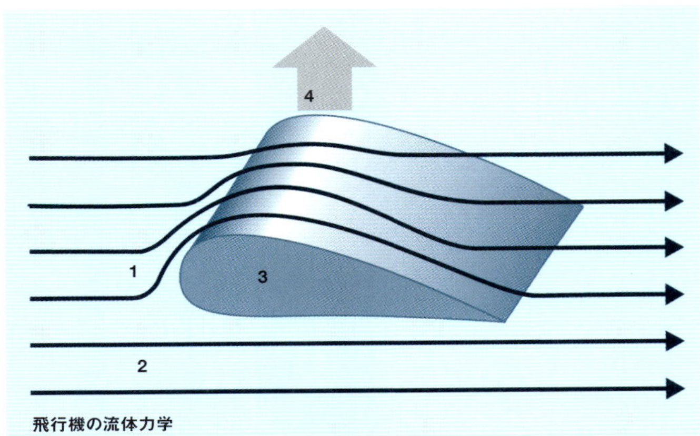

飛行機の流体力学

1　翼の上に分かれた空気は速く流れる
2　翼の下を通る気流は遅い
3　圧力が高い領域
4　圧力が低い領域に揚力が生じる

流体力学は、流体(液体および気体)が流れる仕組みに関する科学であり、飛行機、船、石油パイプラインの設計や天気予報などで実際に多く使われており、欠かせないものとなっています。

水中を移動するボートは、おもに水の慣性力(具体的には、水が運動に抗うこと)と粘性力という2種類の抵抗を受けます。流体力学では、船体やパイプラインなどの表面に見られるこうした抵抗について、「レイノルズ数」という指標を使って相対的な重要度を表します。レイノルズ数が小さいと流体は滑らかに動き、レイノルズ数が大きければ、無秩序な渦を伴う乱流が生じます。

流体力学の重要な概念の1つが、流体は流れが速いほど圧力が下がるというベルヌーイ効果です。飛行機の翼の湾曲した上面は、翼の上の空気のほうが長い経路をたどって流れ、速くなるように形づくられています。その結果、翼の上の圧力が下がり、正味の上向きの力、つまり揚力が生じるというわけです。

波の種類

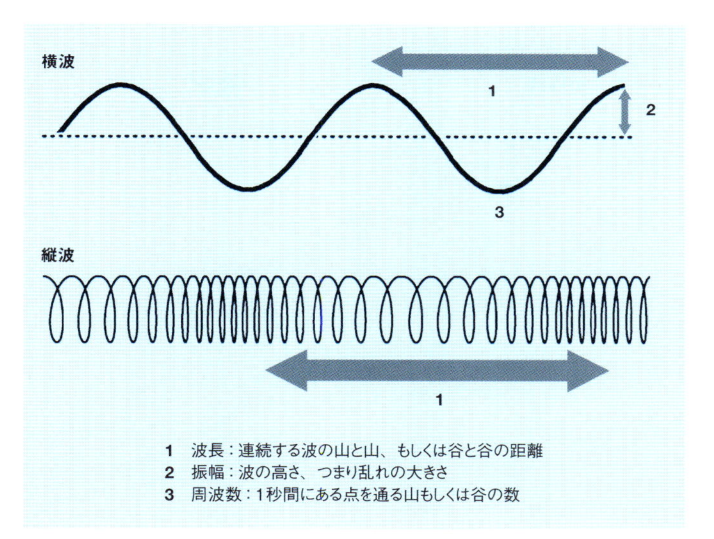

波というのは、何もない空間や、空気、水といった媒質を通って伝わる乱れです。たいていの場合、波が移動するとエネルギーが運ばれます。「横波」における乱れは、波の進行方向に垂直です。可視光を含む電磁波は横波の形をしており、波の進行方向に対して垂直に電場と磁場が振動します。「縦波」の乱れは波の進行方向に平行です。気体や液体の中を伝わる音波は、縦波です。水に立つ波は、縦波でも横波でもある波の例です。水に浮かんでいるコルクは、波が通ると円を描いて動きます。

波の特徴は、波長(山と山の間の距離)、周波数(ある点を波が通る速さ)、振幅すなわち波の強さで表されます。定在波あるいは定常波と呼ばれるものは、たとえばギターの弦が振動するときなどにできる、その場にとどまっているように見える波です。そうした波は整数か半整数の波だけで構成されるので、弦の長さによって波長の上限が決まります。

音波

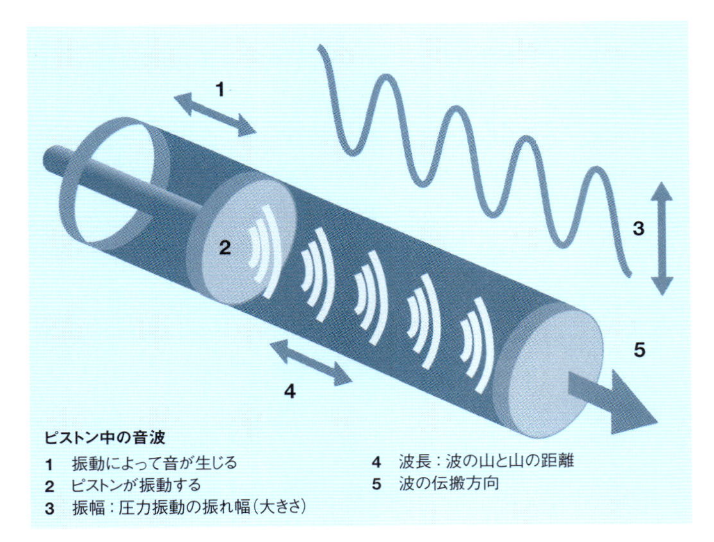

音波は気体、液体、固体の中を伝わる圧力の振動であり、何もない空間を伝わることはできません。気体中や液体中では縦波（p.21参照）ですが、固体は横波も通します。

音が聞こえるのは、音波が鼓膜を振動させるためです。この振動が内耳を通って神経細胞に伝わり、神経細胞が脳に送った信号が音として解釈されます。周波数が高いというのは、圧力振動の切り替わりが速いということで、よりピッチの高い音として聞こえます。通常、人間の耳が聴き取れるのは20～2万ヘルツ（1秒間に繰り返される波の数を示す単位）に限定されており、その上限は年齢とともに低下する傾向があります。

音の速さは、その音波が伝わる媒質によって決まります。ほかの影響は受けません。海抜ゼロメートルの20℃の空気中では、音は秒速約343メートルで伝わります。音の強さはデシベルで表されます。通常の会話は60デシベル程度であり、オートバイのエンジン音は100デシベルを超えます。

ドップラー効果

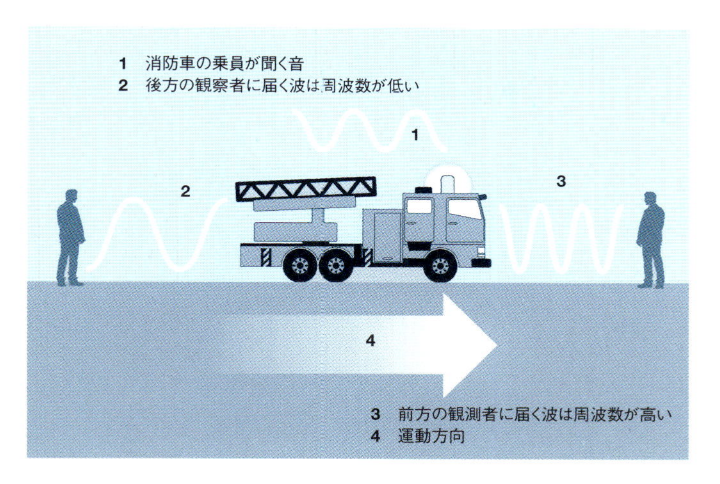

ドップラー効果とは、観測者に対して波源がどのように動いているかに応じて、波の周波数が変化する現象のことです。向かってくる消防車のサイレン音が高く聞こえ、通り過ぎると低くなることも、ドップラー効果で説明できます。

音波の源が観測者に向かって動いているとき、連続波を放射する音源が観測者に近づくにつれ、音の移動時間が短くなり、音はより短時間で聞こえるようになります。実際には波が集まり、周波数が高くなるのです。逆に、波源が遠ざかっていくにつれ、連続波を放射する源と観測者との距離が長くなり、その結果、波が伸びて周波数が低くなります。

ドップラー効果という名前は、1842年に光波におけるこの現象について説明したオーストリアの物理学者、クリスチャン・ドップラーにちなんだものです。光は周波数によって色が決まるので、観測者に対して光源が高速で近づいたり遠ざかったりすれば、光の色が変わります。緑色の光であれば、近づいているときにはより青く、遠ざかっているときにはより赤く見えます。

019

電荷

1 プラスの電荷
2 マイナスの電荷
3 プラスの電荷とマイナスの電荷の間につくられる電場

電荷というのは、電子を含む標準模型の素粒子（p.44参照）の多くがもつ特性です。この特性がある荷電粒子は、ほかの荷電粒子から力を受けます。電荷にはプラスとマイナスがあり、マイナスの電荷をもつ粒子はプラスの電荷をもつ粒子を引きつけ、同じマイナスの電荷をもつ粒子をはねのけるのです。

電荷の単位はクーロン（C）と呼ばれ、1クーロンは、1アンペアの電流が1秒間に運ぶ電荷です。電子1つがもつマイナスの電荷は-1.602×10^{-19}Cですが、簡単にするためにしばしば－1と表され、プラスの電荷をもつ陽子の電荷は＋1と表されます。

電荷は私たちの存在そのものに重要な役割を担っており、地球も建築物も動物も、固体の構造物はすべて電荷があるから存在できています。原子は大部分が何もない空間ですが、互いの間を通り抜けずに済んでいるのは、隣接する原子の電子同士が反発し合っているおかげなのです。太陽の大気中を飛び回る荷電粒子も、地球を暖かく快適に保ってくれている放射エネルギーを生成するという、とても重要な役割を担っています。

電流

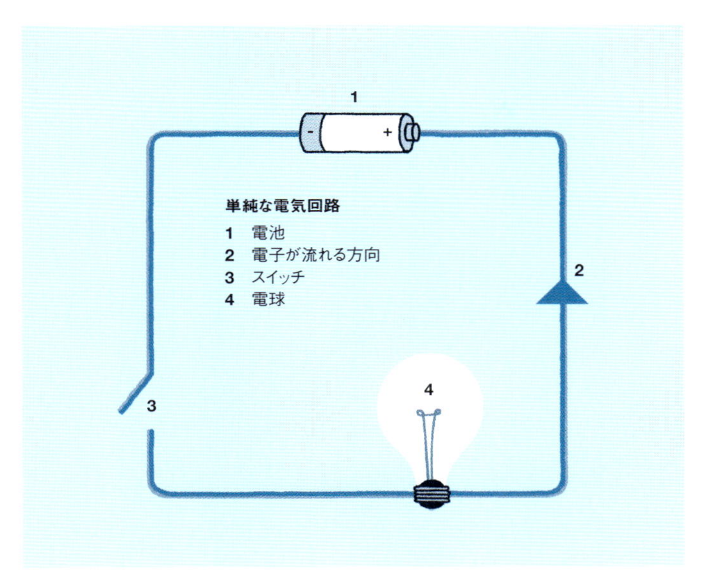

電流というのは電荷の流れであり、電荷は電子の運動によって運ばれます。銅線など電気を通す素材を電池につないで電位差を与える（電圧をかける）と、電流が流れます。このとき、銅線の中の電子は、マイナス極からプラス極に向かって移動しています。

全国的な電力供給網は、周期的（多くは1秒に50回もしくは60回）に電流の向きが反転する交流電流を配電しています。電流の単位はアンペア（A）で表され、毎秒1クーロンの電荷を運ぶ流れが1アンペアです。

電気抵抗は物質が電気の流れに抵抗する度合いのことで、オーム（Ω）で測られます。銀や銅などの金属は抵抗が低く、電気が容易に流れるのに対して、プラスチックや木は抵抗が高く、電気はほとんど流れません。電線の電流は、電線にかかる電圧を抵抗で割ったものに等しく、電力（単位時間あたりに送られるエネルギー）は電圧と電流の積です。

磁性

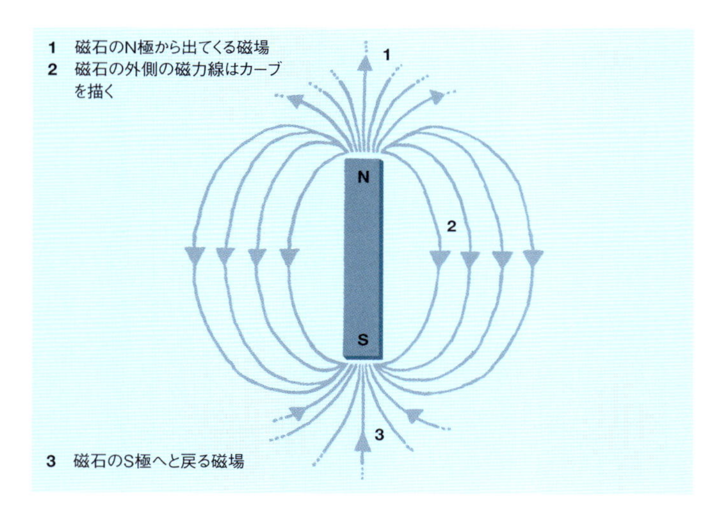

磁性とは、磁場の中で力を受ける性質のことです。磁性があることによって、たとえば、鉄粉は棒磁石の近くで規則正しいパターンを描き、冷蔵庫用マグネットは冷蔵庫にくっつきます。

磁性をもつ金属（たいていは鉄）の細長い棒である棒磁石は、N極とS極の存在する「双極子」磁場をつくります。N極とS極は引き合い、N極同士、S極同士は反発します。永久磁石に磁場を生じさせているのは、電子がもつスピンと呼ばれる性質です。物質を構成する電子はそれぞれ回転し、小さな磁場をつくっているのですが、鉄のような磁性の強い物質では、ペアを組む相手のない不対電子のスピンが同じ向きに整列しやすいのです。

1800年代初期には、磁性と電流との間に深いつながりがあることがわかっていました。たとえば、電線でできたコイルを通って流れる電流は、棒磁石に似た双極子磁場をつくります。現代の電磁石は、35テスラという空前の磁場をつくり出すことに成功しています。なお、1テスラは地磁気（p.131参照）の強さの約2万倍にあたります。

電磁誘導と電荷の蓄積

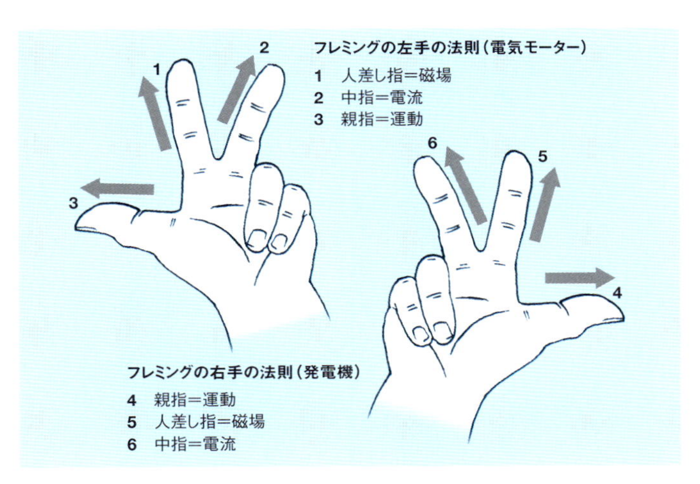

導電性の物質が磁場の中を動くと、電磁誘導が起こります。1831年、イギリスの科学者マイケル・ファラデーが、電磁誘導によって導体に電流が生じることを明らかにしました。電磁誘導は、電気モーターから発電機まで、さまざまな電気機器が動作する基礎になっています。

発電機は、たとえばタービンで生み出した回転運動を電気に変え、電気モーターは逆に、電流から回転運動をつくり出しますが、どちらの場合も、運動、磁場、電流の方向はすべて互いに対して垂直であり、その方向はイギリスの技術者、ジョン・アンブローズ・フレミングが覚えやすいように考案した「左手の法則」と「右手の法則」で表されます。

電気回路の「自己インダクタンス」という性質も電磁誘導によるものです。導線を流れる電流の変化が磁場を変化させ、磁場の変化が今度は電流を生じさせるのです。「インダクター」は、誘起された磁場にエネルギーを蓄えるように設計された電気部品です。それに対して「コンデンサー」はエネルギーを電場に蓄えます。単純なコンデンサーでは、平行な金属板2枚の片方にプラス、もう一方にマイナスの電荷が蓄積されます。

電磁波

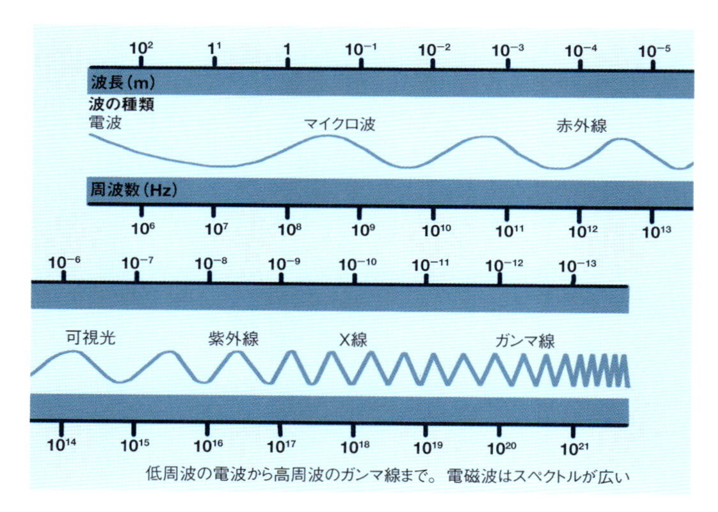

低周波の電波から高周波のガンマ線まで。電磁波はスペクトルが広い

電磁波は、何もない空間を通って伝わることができるエネルギーであり、可視光も電磁波の一種です。さらに、細胞を傷つけて放射線障害を引き起こす可能性があるガンマ線や、無線通信技術に不可欠な電波も電磁波に含まれます。

電磁波は、振動する電場と磁場からなる横波（p.21参照）です。真空中を伝わる速度は毎秒30万キロメートルと決まっていますが、波長は非常に多様です。ガンマ線の波長は非常に短く、原子1つ分にも足りないことが多いのに対して、電波の波長は数千キロメートルに及ぶこともあります。

私たちには電磁スペクトル（上図参照）のごく一部、つまり紫から赤までという虹の色の範囲しか見えません。その目に見える太陽光が地球の大気を通って物体に届き反射されるので、私たちは物体を見ることができます。昆虫や魚、鳥の多くは紫外線を見ることができます。ハチが花に寄っていくのも紫外線が見えているからです。ガンマ線はとても透過力があり、厚さ数センチメートルの鉛も通り抜けることができます。

光子（フォトン）

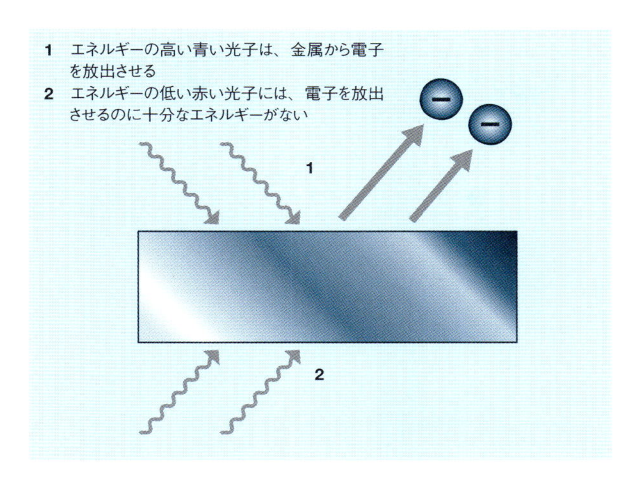

光子は電磁波（p.28参照）の量子であり、光の「基本単位」です。真空中の光子は毎秒30万キロメートルという一定の速さで動きます。

光には二重性があり、波であるとも粒子の流れであるとも考えられます（p.36参照）。アルベルト・アインシュタインは、金属片に光が当たると電子が放出される「光電効果」を説明する中で、光が粒子のような性質をもつことを明らかにしました。意外なことに、弱い青色光は光電効果を起こしますが、赤色光はどんなに明るくても光電効果を起こしません。アインシュタインはこの現象の理由を、光は小さなエネルギーの粒が集まってできているからだと説明しました。青色光の個々の光子は金属から電子を1つ放出させるだけのエネルギーをもちますが、赤色光の光子はいくら集まろうが個々の光子はエネルギー不足で、電子を放出させることができないというわけです。

光子には質量も電荷もありませんが、運動量はもっています。光子のエネルギーは光の周波数に比例するので、ガンマ線の光子は、電波の光子の数十億倍ものエネルギーをもっています。

025

レーザー

1　普通の光源からの光は、さまざまな波長と周波数の光が混在しており、光源から広がる
2　単色光源からの光は、波長は同じだが足並みが揃っておらず、光源から広がる
3　コヒーレントなレーザー光源からの光は単色で、波の足並みもきちんと揃っている

レーザー光は普通の光と異なり、はるかに整然と振る舞います。たとえるなら、雑然とした群衆と軍隊の行進といった感じでしょうか。電球の光にはさまざまな波長の光が含まれていますが、レーザー光には1つの波長の光しか含まれていません。また、「コヒーレント」という性質があり、とても細いビームになります。つまり、光の波の山と谷がきちんと並んでいて、足並みを完全に揃(そろ)えて伝わるのです。

レーザー(LASER:Light Amplification by Simulated Emission of Radiation)は1960年代に開発されました。共振器の中で原子や分子にエネルギーを与え、そのうえで特定のエネルギーの光子を当てると、それらの粒子が光子を放出し、その後、もとの状態に戻ります。粒子が放出する光子は当たった光子とまったく同じ性質であり、この反応の連鎖でレーザー光が生まれます。

DVDの情報の読み取り、バーコードのスキャン、病院での手術など、レーザーは私たちの日常でさまざまに応用されています。未来のガンマ線レーザーは、今の百万倍ものエネルギーを集束できるかもしれません。

反射と屈折

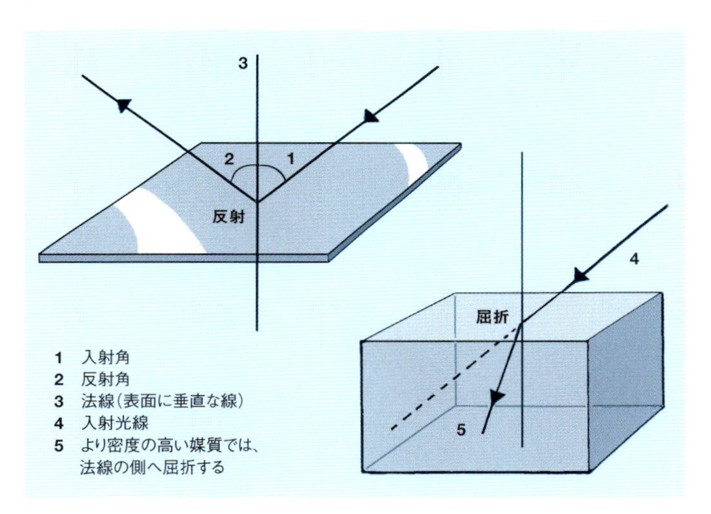

多くの場合、光は障害物に当たるまでまっすぐ進む横波(p.21参照)だと単純に考えることができます。鏡のような滑らかな表面に当たると、反射角(鏡に垂直な「法線」からの角度)は入射角と等しいという簡単な法則に従って反射します。

何もない空間や空気の中など、いわゆる透明媒質から水などの別の透明媒質へ入るときは、光の屈折が起こります。水中では真空中よりゆっくり伝わるため、この速さの変化によって光が曲がる、つまり屈折するのです。水中の速さに対する真空中の速さの比率は、水の「屈折率」と呼ばれ、約1.33です。

より密度の高い媒質へ入る際には、光は法線の側へ屈折し、より密度の低い媒質へ入る際には、法線から離れる方向へ曲がります。望遠鏡のような光学機器やメガネのガラスレンズは、星の光を集めたり、視力を矯正したりするのに必要な経路へと光線を屈折させられるよう、きちんと計算された形状をしています。

回折

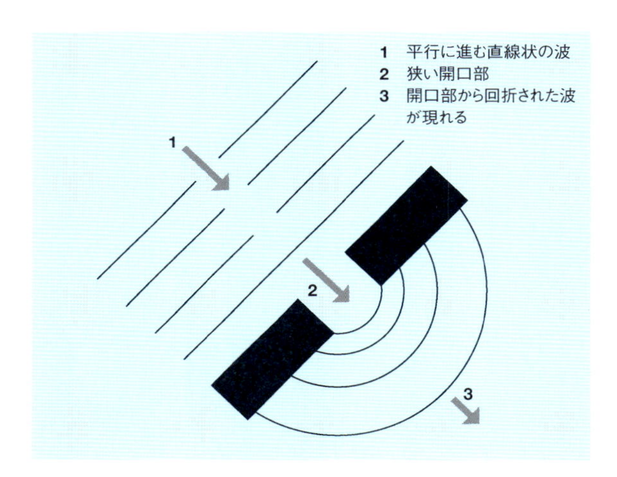

回折とは、障害物に当たった波が障害物を回り込む現象です。昔から例とされるのは、水面の直線的な長い波が狭い開口部に行き当たり、開口部の向こう側に小さな扇型を描いて丸く広がる様子です（上図参照）。

この現象は、隙間が2つある仕切りをトレイに立て、水を張ってさざ波を立てれば簡単に実演できます。直線状の波が仕切りに近づくと、2つの隙間の向こう側に小さな扇形の波が2つでき、それらの波が広がると干渉（p.34参照）が生じて、山同士は拡大し合い、山と谷は相殺し合います。光も回折しますが、そのパターンは直観に反していることがあります。そうした意外な回折はレーザー光でもっともよく見られ、四角い開口部の向こう側では十字になり、丸い開口部なら同心円を描きます。

薄い雲の中にある水滴や氷晶（ひょうしょう）によって光が回折すると、太陽や月の周りに美しく明るい環ができることがあります。しかし、光学機器の設計者にとっては、回折というのは実にやっかいです。カメラや顕微鏡、望遠鏡で撮影する画像の鮮明さには、回折のせいで越えられない根源的な限界があるのです。

偏光

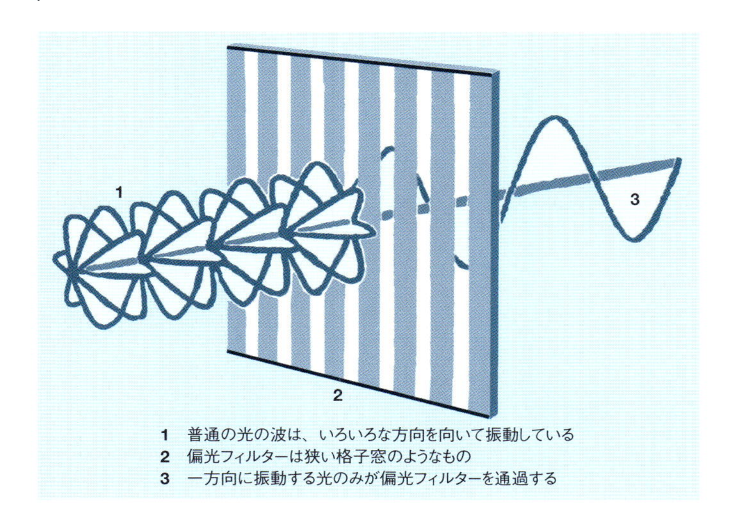

1 普通の光の波は、いろいろな方向を向いて振動している
2 偏光フィルターは狭い格子窓のようなもの
3 一方向に振動する光のみが偏光フィルターを通過する

偏光は横波（p.21参照）がもつ性質で、特定の方向に振動するというものです。普通の光を含む電磁波との関連で論じられることが多く、ある方向に「波打つ」光線のみを通すフィルターを使えば、普通の光を偏光させることができます。

光は互いに対して垂直に振動している電場と磁場でできていますが、太陽や懐中電灯などから出る一般的な光の電場は、振動しうるすべての方向に振動しています。直線偏光した光線とは、電場の振動方向を一方向のみに制限した光です。電場の振動する方向を回転させ続ければ、円偏光といって、コルク抜きのスクリューのように回りながら進む光も生み出すことができます。

平らな道や鏡のように静かな水面などで反射する光は、水平方向に偏光される傾向があります。偏光サングラスは、そのような反射のまぶしさを軽減してくれます。長鎖状の分子を並べたフィルターで水平方向に偏光された光を選択的に吸収し、垂直方向の光だけを通すのです。

干渉

光波の二重スリット実験

1 単色光源が発する単一波長の光
2 スリットが2つある仕切り
3 山と山、谷と谷が出合うところに建設的干渉が生じる
4 山と谷が出合うところに相殺的干渉が生じる
5 スクリーン上に干渉縞ができる

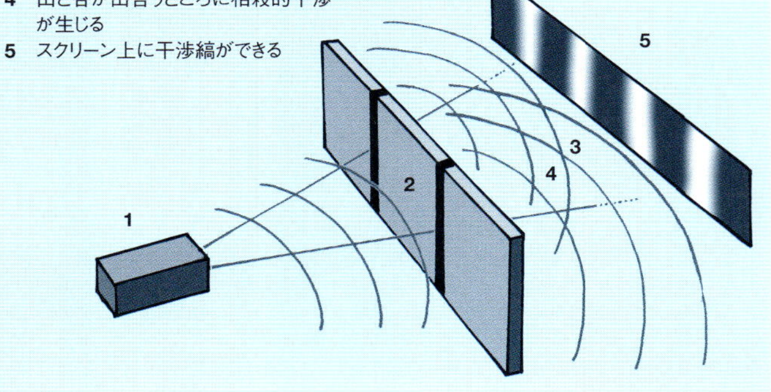

干渉は、波が重なるときに起こります。水たまりに石を2つ落とし、さざ波が広がるのを観察すると、2つの波が重なるのがわかります。山と山が一致するときは「建設的干渉」により、互いに強め合って山が高くなり、山と谷が一致するときは「相殺的干渉」が起こって相殺されます。

水面の薄い油膜には、油膜の表面と、油と水の界面の2カ所で太陽光が反射し、色彩豊かな光の縞（しま）ができます。2つの反射光はたどる経路の長さが異なるため、再び重なったとき、波長、つまり色に応じた建設的干渉や相殺的干渉が起こります。この干渉の結果、もとは白色だった光が、角度によって色の変わる虹色に見えるのです。CDやDVDが色とりどりにキラキラ光っているのも、油膜と同様、多数の溝に光が反射して干渉が生じているからです。

音の場合は、2つの音のピッチがわずかに異なるときに、干渉がはっきりわかります。建設的干渉と相殺的干渉によって、「うなり」と呼ばれる音の震えが生じるのです。

量子力学

「ボーアの原子模型」では、電子は原子核の周りの量子化された「軌道」を回っているとし、その軌道から別の軌道へと移動するには、エネルギーを吸収もしくは放出するしかないと考える

1　電子がエネルギーを吸収し、高い軌道へ移る
2　電子がエネルギーを放出し、低い軌道へ移る

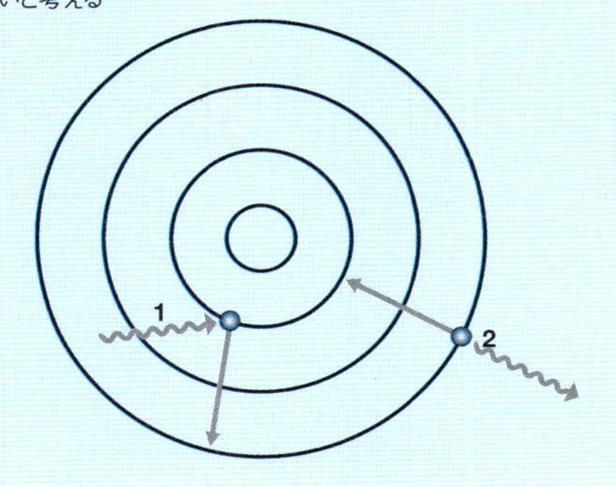

量子力学とは、物体とエネルギーの奇妙な振る舞いを最小スケールで説明する物理学です。20世紀初頭、昔からの古典物理学では説明できない事実が実験によって多々明らかになり、量子力学という分野が構築されました。たとえば、電子が原子核の周りを回っていることは明らかでしたが、太陽の周りを回る惑星のように回っているとすると、瞬時に原子核へ落ちてしまいそうなものなのに、実際はそうならないのはなぜでしょうか。

こうした極小の領域で起こる異常を説明するものとして、ハイゼンベルクの不確定性原理(p.37参照)のような考えが生まれました。特に重要なのは、素粒子の性質(原子中の電子のもつエネルギーなど)は連続的に変化できないとする概念であり、この概念を当てはめることを「量子化」といいます。

量子の世界では奇妙にも予測ができません。日頃の経験から考えれば、電子をとらえて力を加えた場合、1秒後にその電子がどこにあるか予測できそうです。ところが量子力学は、そうした予測は不可能だと主張します。ある場所に到達する可能性は推定できても、どこにあるか測定するまでは、考えうるすべての場所に同時に存在していると考えるのです。

粒子と波動の二重性

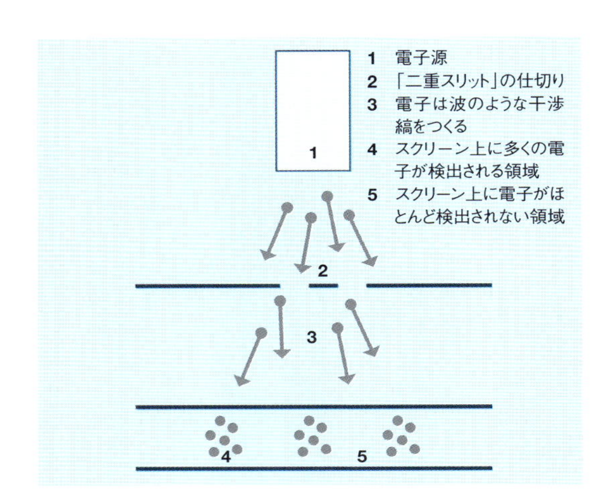

粒子と波動の二重性とは、最小スケールの物体とエネルギーが、粒子のようにも波のようにも見えることをいいます。普通の感覚では、粒子は物を投げたときのように放物線を描き、波は池に立つさざ波のように広がるようなイメージがありますが、量子力学ではこの区分があいまいです。

電子のもつこの二重性を見られるのが「二重スリット実験」です。電子源から現れた電子は、2つのスリットを通ってリン光スクリーンに当たると、光波に似た干渉（p.34参照）を示して、明るい帯と暗い帯をつくります。しかも、一度にたった1つしか電子を出さないように電子源を調整しても（古典物理学によると、この電子はどちらか一方のスリットだけを通るので、スクリーン上のどちらか一方の領域にしか当たらないはずなのに）、長時間かければ、やはり干渉縞がつくられます。

不思議なことにこの干渉縞は、それぞれの電子がどちらのスリットを通っているか検出する実験に変えると、見られなくなります。つまり、粒子に見られるような位置情報と、波に見られるような干渉縞とを同時に観測することは不可能なのです。

不確定性原理

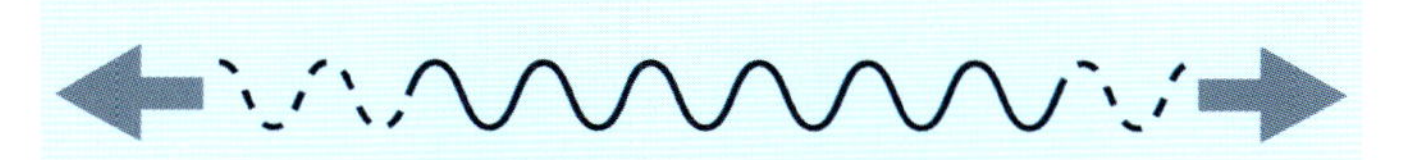

1　位置の不確定性：波長を正確に知れば知るほど、位置の決定は不正確になる

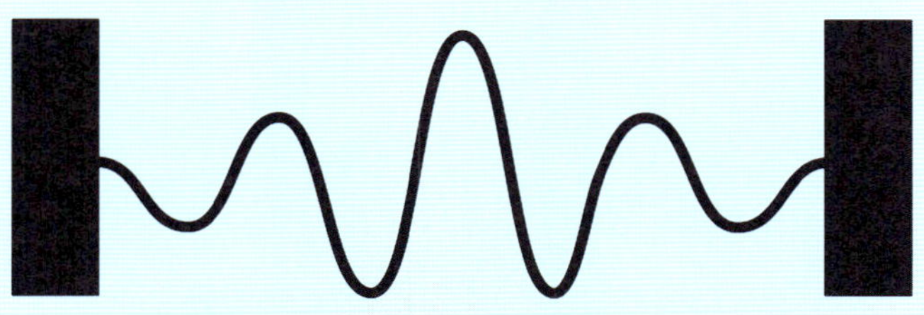

2　波長の不確定性：位置を厳しく制約すればするほど、波長の特定は難しくなる

ハイゼンベルクの不確定性原理は、量子の世界のあいまいさを浮き彫りにしています。不確定性原理によると、粒子の位置と運動量など、特定の性質の組み合わせにおいては、その両方を同時に高い精度で決定することはできません。粒子の位置を高い精度で知れば知るほど、粒子の運動量は低い精度でしか知ることができなくなるのです。

1927年、ヴェルナー・ハイゼンベルクは、粒子の波動性に由来するこの原理を発表しました。波の位置が決まるのは1点に集中させたときだけですが、そうした波は波長を決められず、したがって、運動量も確定できません。逆にいえば、正確に波長が決まる波は、無限に長く、位置が決まっていない波だけです。つまり、粒子の正確な位置と正確な運動量が同時に決まる状態は存在しません。

ハイゼンベルクの不確定性原理は、このあいまいさを定量的に表しています。具体的には、位置の不確定性と運動量の不確定性の積は、「プランク定数」h（6.6×10^{-34}ジュール秒という小さな値）を4πで割ったものより大きいか、等しくなければなりません。

033

シュレディンガーの猫

放射線源 1 の原子核が崩壊すると引き金が引かれ、致死性の毒物 2 が放出される。原子核が崩壊すれば猫は死に 3 、崩壊していなければ猫は生きている 4 。両方の状態の重ね合わせという量子力学の考え方に従えば、測定されるまで猫は「死んでいる」と同時に「生きている」ことになる

シュレディンガーの猫は、オーストリアの物理学者、エルヴィン・シュレディンガーが1935年に提案した思考実験です。彼は、粒子の特性は観測によって測定されるまで決まらないという、量子力学のやっかいなパラドックスを浮き彫りにしたいと考えました。たとえば、電子の位置は、測定されるまでは、ありうる位置すべての重ね合わせなのです。

シュレディンガーの猫の実験では、放射性原子核の装置と致死性の毒物とともに猫を箱に閉じ込めたとして、猫に何が起こるかを問います。原子核が崩壊して粒子を放出すれば、それが引き金になって毒物が放出され、不運な猫の命を奪う仕掛けです。しかし、原子核はいつ崩壊するか予測できません。となると、箱を開けて中の猫の状態を「測定」するまで、猫は死んでもいるし生きてもいることになってしまいます。

この問題をどう解くかについては今も大いに議論されています。もっとも単純なのは、このパラドックスは量子論の扱う問題ではないとする見解でしょう。量子論では理にかなった観測しか許されず、この猫の場合は死んでいるか生きているかで、その中間がないことは明らかなのですから。

量子もつれ

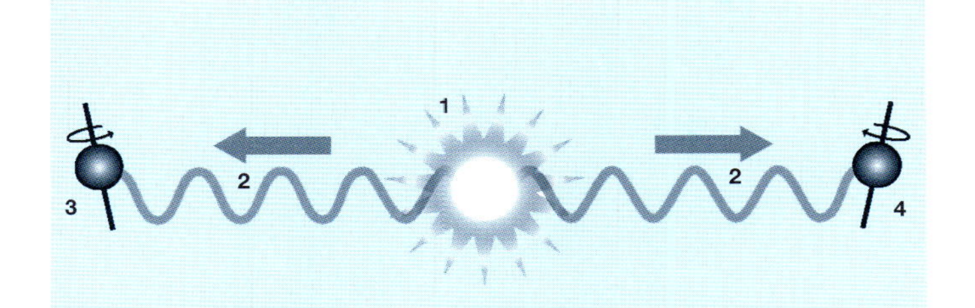

1　もつれた光子の対が実験室でつくられる
2　2個の粒子が遠く離される
3　2個の粒子はもつれたままであり、片方の量子情報が測定されると……
4　……もう一方も瞬時に相補的な状態になる

量子もつれとは、互いに数千キロメートルも離れていて、しかも交信する手段をもたない粒子2個の間で、片方がどうしているかが、もう一方にも「わかる」という奇妙な現象です。

量子力学では量子もつれを利用し、2個の粒子の特性をリンクさせ、常に相関している状態にできます。たとえば、2個の光子を対にして、偏光状態はわからないまでも、測定すると必ず互いに逆の偏光状態を示すようにできます。たとえ宇宙空間の此方(こなた)と彼方(かなた)とに遠く離れたとしても、のちに誰かが片方の偏光を測定すれば、もう一方の偏光は逆だという結果が出ます。情報が光よりも速く、瞬時に伝達されているかのようです。

アルベルト・アインシュタインは量子もつれを「不気味な遠隔作用」と呼び、それを許す理論に懐疑的でしたが、そうした遠隔作用が実際に起こることが、実験によって立証されました。スペイン領カナリア諸島において、もつれた光子を140キロメートル引き離すことに成功したのです。

035

カシミール効果

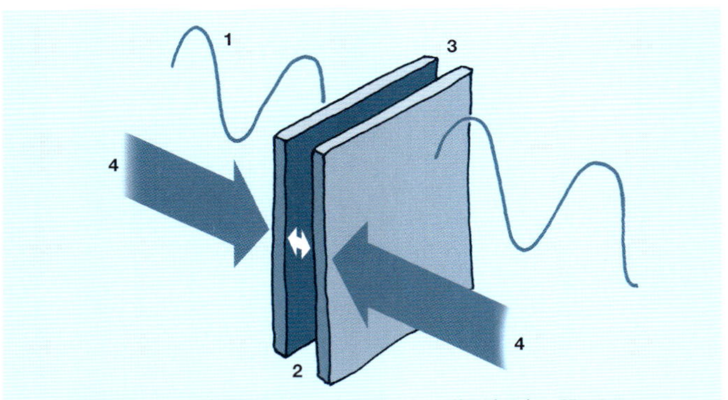

1　金属板の周りにある波長の長い光
2　金属板2枚の間の距離は光の波長よりずっと狭い
3　光は2枚の金属板の間を通れない
4　エネルギー密度の違いにより外圧が生じ、2枚の金属板が近づく

真空中で平行に置かれた、電荷を帯びていない導電性の板2枚の間に小さな力がはたらくことを、量子力学ではカシミール効果と呼びます。真空には何もないどころか、エネルギーや粒子が現れたり消えたり、激しく動いているために生じる現象です。

この現象は1948年、オランダの物理学者、ヘンドリック・カシミールによって予測されました。彼は、2枚の金属板が近くにあると、光波が大きすぎてその間に収まらず、締め出されることに気づきました。間隔が数ナノメートル（1ナノメートルは10億分の1メートル）しかなければ、金属板の外側のエネルギー密度が金属板2枚の間より高くなり、2枚をくっつけようとする圧力が生じます。船でたとえるなら、風のない状況で大きな船が2隻並んでいるとして、その2隻によって間の波が打ち消されるので、外側からの波の力で2隻は近づいていくというわけです。

実験装置によっては、カシミール効果を反発力として利用できます。部品と部品を反発させ、摩擦なしに動くようにすれば、いつかナノマシン（p.63参照）の実現に役立つかもしれません。

超流動体

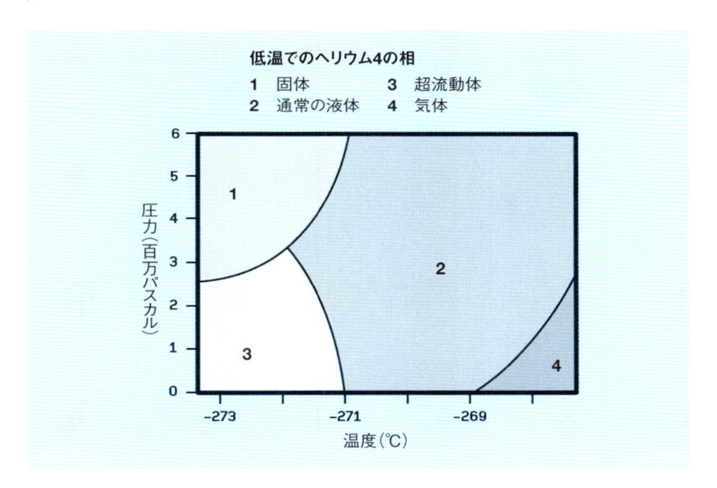

超流動体とは、粘性がないため摩擦を受けずに運動する流体です。1962年に、絶対零度をほんの2.17℃上回る温度にまでヘリウム4を冷却することで、初めて実験的につくられました。ヘリウム3も、ヘリウム4よりずっと低い温度で超流動体になります。

超流動体が奇妙に振る舞うことは、よく知られています。ビーカーの中に超流動ヘリウムを入れると、ビーカーの側面を徐々にのぼり、溢（あふ）れ出てしまいます。また、回転が量子化されている、つまり特定の速さでしか回転できないことも、超流動体の奇妙な性質の1つです。超流動体を入れた容器を回転させたとき、その超流動体の音速より遅い回転の間は少しも動かないのですが、音速に達するや、いきなり容器と同じ速さで回転し始めます。

また完全な超流動体は、熱伝導率が無限大です。超流動ヘリウムの1点にある熱は、秒速約20メートルで音波のように伝わります。なお、超流動体という名称は、超伝導体（p.43参照）という用語をまねてつくられました。超伝導体とは、抵抗ゼロで電気が流れる物質のことです。

ボース・アインシュタイン凝縮体

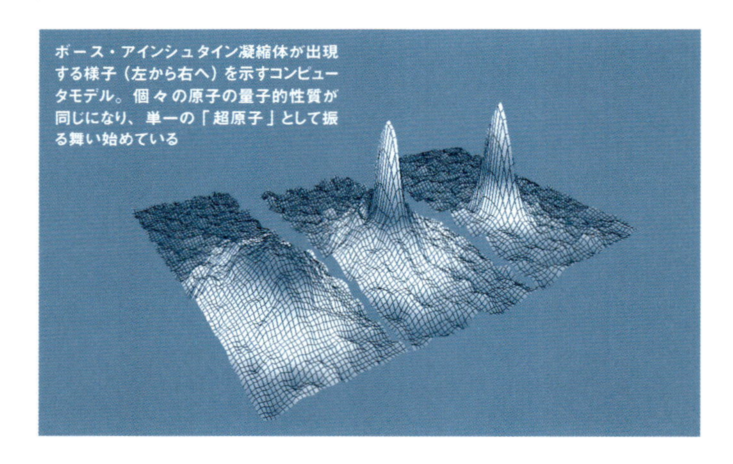

ボース・アインシュタイン凝縮体が出現する様子（左から右へ）を示すコンピュータモデル。個々の原子の量子的性質が同じになり、単一の「超原子」として振る舞い始めている

ボース・アインシュタイン凝縮体は、絶対零度近くで全粒子が最低のエネルギー状態に落ちたときに物質が示す、風変わりな状態です。量子に見られる各種効果を人間の目でとらえられるくらいのスケールで例示してくれるので、量子の物理的な性質を調べるうえで興味深い手段となります。

凝縮体の存在は、1920年代半ばにインドの物理学者、サティエンドラ・ナート・ボースがアルベルト・アインシュタインとともに予測しました。ボース・アインシュタイン凝縮体は、量子のもつスピンという性質が整数値である粒子、ボソン（ボース粒子とも呼ばれる）でできています。

1995年、コロラド大学がルビジウム原子を絶対零度近くにまで冷却し、初めてボース・アインシュタイン凝縮体をつくり出しました。原子が重なり合い、単一の「超原子」のように振る舞う小さな塊ができたのです。いずれボース・アインシュタイン凝縮体が広く利用される日が来るかもしれません。制御が容易な同一の光子を生み出すレーザーは、さまざまな技術に広く使われています。ボース・アインシュタイン凝縮体も、同一原子の精密な制御を必要とする分野で花開く可能性があるのです。

超伝導

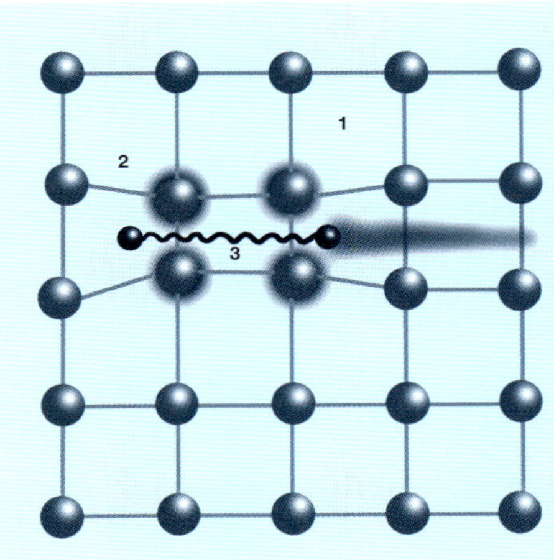

超伝導体は、抵抗ゼロで電気を伝えることのできる物質です。超伝導物質の閉回路の中をいったん流れ始めた電気は、永久に流れ続けます。

超伝導は水銀元素で初めて発見されました。絶対零度を4℃だけ上回った状態で、電気抵抗がゼロになったのです。理論上は、電子が物質中の原子の結晶格子を通る際、格子を変形させて、プラスの電荷をもつ「谷」をつくり、そのおかげで次の電子が通りやすくなるために生じる現象とされています。

これまでに知られている超伝導体には、金属やポリマーのほか、セラミックスもあります。また、非常に低い温度に冷却した超伝導コイルを超伝導電磁石として使えば、極めて強い磁場を生み出すことができます。超伝導電磁石は医療用スキャナーや、時速580キロメートル※を超える速さを達成したリニアモーターカーの「磁気浮上」に使われています。超伝導の分野における究極の目標は、0℃以上という容易に実現できる温度で超伝導体になる物質を見つけることです。

※原著制作時の記録。2015年、時速603キロメートルに到達した

標準模型の素粒子

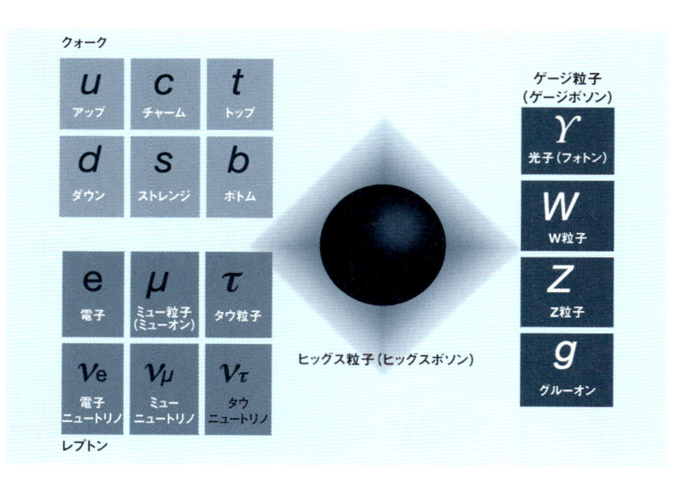

標準模型とは、自然界のもっとも基本的な粒子、素粒子について説明するものであり、物質の最小構成要素を2つのグループに分けています。1つ目はクォークで、クォークはさらにアップ、ダウン、チャーム、ストレンジ、トップ、ボトムという6つの「フレーバー」に分かれます。クォークの電荷は電子の$+\frac{2}{3}$倍または$-\frac{1}{3}$倍であり、強い力(p.45参照)の作用で2個または3個が結合することによって、陽子や中性子などがつくられます。

物質を構成する最小粒子のもう1つのグループがレプトンで、こちらは強い力の影響を受けません。もっともよく知られているレプトンは電子です。電子にはミュー粒子とタウ粒子という自分より重い兄弟があり、電荷はいずれも-1で同じです。レプトンにはあと3つ、「ニュートリノ」と呼ばれる粒子があります。質量が極めて小さく、電気的には中性です。太陽の核反応によって放出され、地球をも容易に通り抜けます。

標準模型では光子(p.29参照)などをゲージ粒子(ゲージボソン)と呼び、力を伝える粒子だと考えます。素粒子に質量を与える存在として「ヒッグス粒子」が予測されていますが、まだ見つかっていません※。

※原著刊行後、2012年に発見された

強い力と弱い力

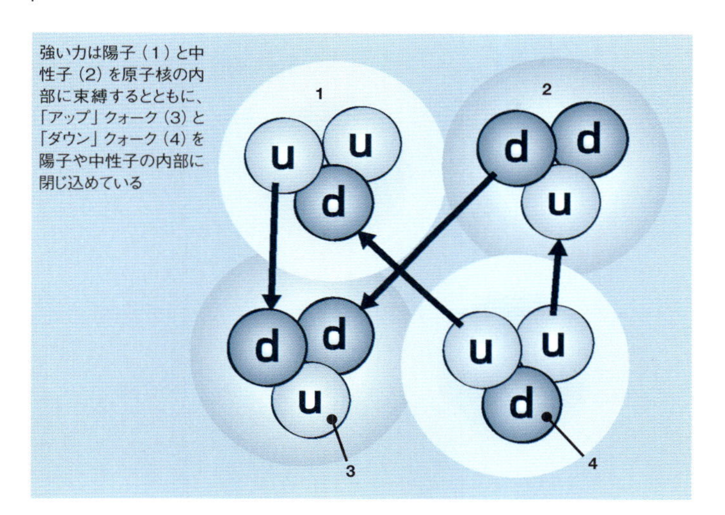

強い力は陽子（1）と中性子（2）を原子核の内部に束縛するとともに、「アップ」クォーク（3）と「ダウン」クォーク（4）を陽子や中性子の内部に閉じ込めている

素粒子物理学では、「強い力」(強い相互作用、強い核力などとも呼ばれる）を自然界の基本的な力の1つと考えます。強い力でクォークが結合することによって陽子や中性子がつくられ（p.44参照）、その陽子や中性子が今度は原子核の内部に束縛されます。強い力が及ぶ範囲は、おおむね原子核の大きさくらいです。

自然界におけるもう1つの基本的な力は、弱い力（弱い相互作用）です。弱い力が及ぶ範囲は極めて狭く、陽子の大きさの1000分の1くらいしかありません。弱い力によって起こる現象として有名なのがベータ崩壊であり、原子核が電子や陽電子を放出するため、全体の電荷が変わります。恒星の水素核融合が始まるのも、あるクォークが別の「フレーバー」のクォークに変わりうるのも、弱い力がはたらいているからです。

強い力、弱い力、電磁気力、重力という4つの力すべての振る舞いを、同じ数学的枠組みでエレガントに説明できないものか。たった1つの「万物の理論」（p.47参照）をいつか構築したいと科学者は考えています。

反物質

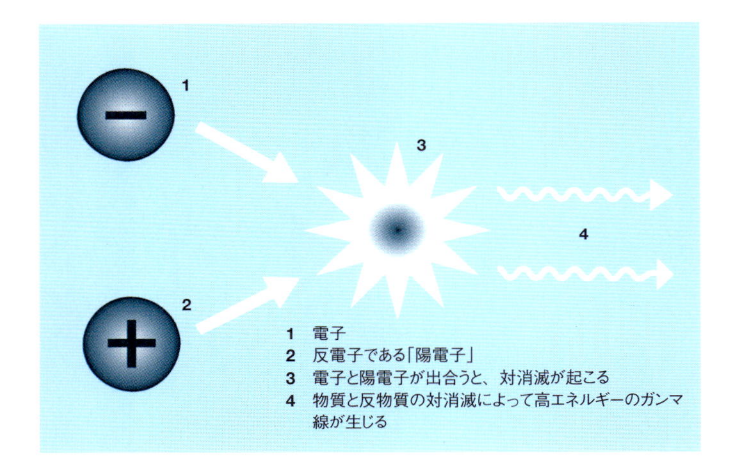

一言でいえば、反物質は物質の宿敵です。標準模型（p.44参照）における物質粒子にはすべて、質量が等しく電荷は反対である反物質粒子が存在し、この2つが出合うと、接触した途端に破壊し合って対消滅します。

1920年代にイギリスの物理学者ポール・ディラックが、自然界には電荷だけが逆で、ほかはまったく同じ粒子が存在すると予測し、そして1932年、この反電子、すなわち「陽電子」が実験によって発見されました。電子と陽電子が出合うと対消滅し、ガンマ線に変わります。反物質と物質の反応はとても効率よくエネルギーを生み出すので、恒星間飛行の燃料に反物質を使うという斬新な提案もなされています。

反物質に関しては、まだ大きな謎が残っています。誕生したばかりの宇宙には、等しい量の物質と反物質があったことを理論が示しています。では、なぜ今は反物質よりも物質がこれほど多いのでしょうか。わずかな非対称性があり、そのために物質が勝ち残ったのでしょうか。あるいは、ひょっとすると、今も遠く離れた宇宙には反物質の領域があり、反物質の恒星からなる銀河がたくさんあるのかもしれません。

大統一理論

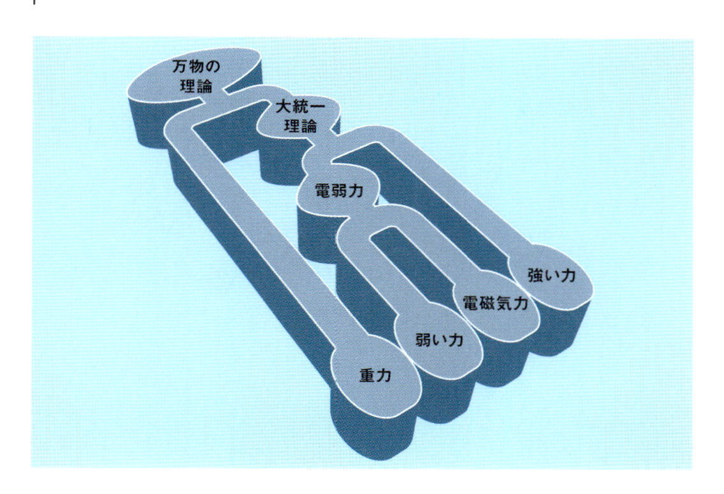

大統一理論とは、1つの傘の下で自然界の力を数学的に記述しようとするものです。電磁気力と弱い力(p.45参照)を統一した理論はすでに存在し、粒子のエネルギーが極めて高い高温の初期宇宙では、この2つの力が1つの力のように振る舞うことを示しています。しかし、この2つに強い力も統合するとなると、満足のいく理論はまだ構築されていません。

満足のいく大統一理論が完成すれば、いまだ不可解な点の残る、標準模型の素粒子(p.44参照)や力について、さまざまな側面が説明されると思われます。たとえば、クォークが6つ、レプトンも6つある理由や、そうした素粒子に特定の質量がある理由などです。しかし、これまでに提唱された大統一理論はいやになるほど複雑で、空間には隠れた余剰次元があるというような、奇妙かつ検証もされていない話まで飛び出します。

科学者の究極の目標は、以上の3つに重力も加えた「万物の理論」を構築することです。素粒子は振動する小さな弦に似ているとする弦理論は、その候補の1つですが、自然界の設計を正確に説明していると立証するための検証可能な予測も、いまだ出てきていません。

原子の構造

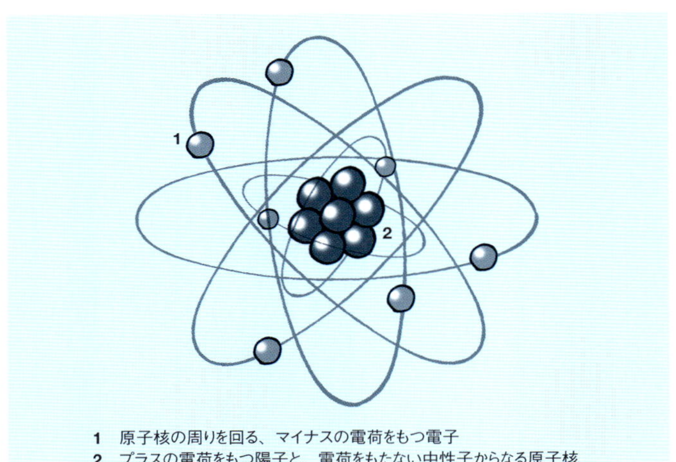

1　原子核の周りを回る、マイナスの電荷をもつ電子
2　プラスの電荷をもつ陽子と、電荷をもたない中性子からなる原子核

原子は、密度の高い小さな原子核と、それを取りまく電子の雲で構成されています。原子核は陽子と中性子でできていて、陽子はプラスの電荷をもち、中性子は電荷をもちません。陽子と中性子は電子よりずっと重いので、原子の質量の大半は中心の原子核にあります。

元素(p.52参照)はそれぞれ原子核に決まった数の陽子をもっており、この数が「原子番号」を表します。たとえば、陽子が6個ある炭素の原子番号は6です。ただし、同じ元素でも、原子核内の中性子の数が異なる場合があります。たとえば、自然界の炭素には、中性子がそれぞれ6個、7個、8個ある3つの「同位体」(p.53参照)が存在します。原子核にある陽子と中性子の数を合計したものを質量数と呼びます。

普通は電子の数と陽子の数が等しく、反対の電荷がすべて相殺されるので、原子の正味の電荷はゼロです。しかし、電子を原子からたたき出したり、余分な電子を原子に加えたりすることで、プラスもしくはマイナスに帯電した「イオン」をつくることができます。

原子核

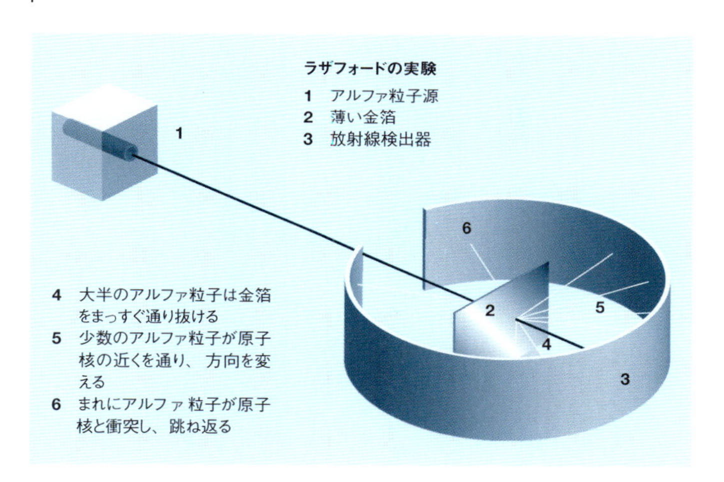

原子核は陽子と中性子の集まりで密度が高く、原子の中心にあり、その周りを電子の雲が取りまいています。原子と比較すると原子核はとても小さく、原子をサッカー競技場の大きさとすれば、原子核はおおむねエンドウ豆くらいの大きさしかありません。

原子の構造は長く謎でしたが、1909年、ニュージーランドの物理学者、アーネスト・ラザフォードが実験により、原子の中央にプラスの電荷が密集していることを明らかにしました。プラスの電荷のアルファ粒子を薄い金箔（きんぱく）に当て、その大半が金箔をまっすぐ通り抜けることを見出したのですが、その際、ごく少数のアルファ粒子が大きな角度で跳ね返ったのです。原子の中心にあるプラスの電荷の原子核に当たったのだと、ラザフォードは考えました。

今では原子核が陽子と中性子でできていることがわかっています。陽子同士はプラスの電荷をもっているため反発し合いますが、陽子と中性子の間にはたらいている強い力による引力が勝り、原子核を1つにまとめているのです。

放射能

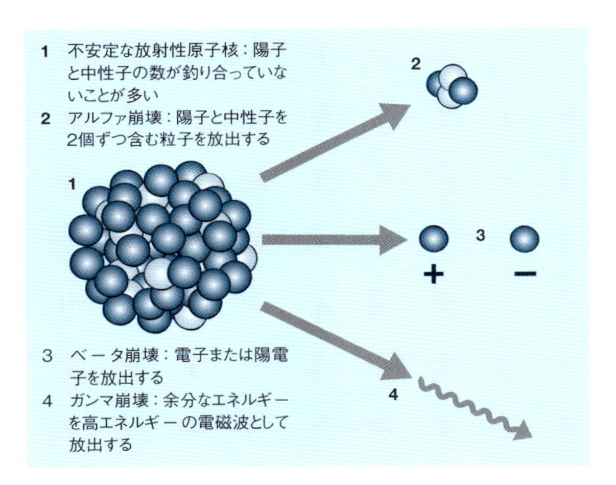

不安定な原子核が自然崩壊し、安定した原子核に変わる能力のことを放射能といいます。崩壊はおもに3種類あり、あまり理解されていなかった頃に「アルファ」、「ベータ」、「ガンマ」と簡単に名づけられ、今もそのまま使われています。

アルファ崩壊は、陽子と中性子を2個ずつ含む粒子を重い原子核が放出することで起こります。たとえばウラン238は、陽子と中性子が2個ずつ少ないトリウム234に変わります。ベータ崩壊では、たとえば電子を放出して中性子が陽子に変わり、その場合は原子番号が1つ増えます。また、ガンマ崩壊では、余分なエネルギーをもつ原子核が安定するためにガンマ線を放出します。

もっとも重い安定元素は鉛で、鉛より重い元素はひとりでに崩壊します。原子核の崩壊はランダムで予測できないプロセスですが、多数の同一原子をまとめて見た崩壊率は「半減期」で正確に表されます。半減期とは、原子核の半数が崩壊するのにかかる時間です。同位体によって1秒未満から数十億年までさまざまで、宇宙の年齢より長いものすらあります。

核分裂と核融合

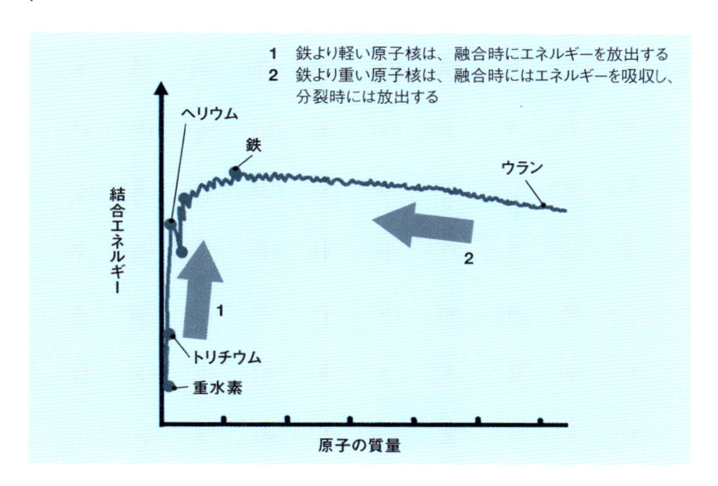

核分裂とは重い原子核が2個に分裂することであり、その際にエネルギーを放出します。原子核の質量は、それを構成する陽子と中性子の総質量より常に重く、その質量の差こそが、原子核を1つにまとめている「核の結合エネルギー」で、原子核が分裂する際にこのエネルギーが放出されます。ウラン235の場合は、核分裂によってルビジウムやセシウムといった軽い元素2個になります。

核融合はその逆のプロセスで、2個の軽い原子核が合体し、より重い原子核をつくります。合体前の2個の合計よりも合体後の原子核1個のほうが軽いため、エネルギーが生み出されます。鉄より重い原子は核分裂しますが、その一方で鉄より軽い原子は核融合してエネルギーを生み出します。

原子力発電所は、核分裂反応によってエネルギーを生み出しています。アフリカのガボン共和国のオクロには、約20億年前にできた天然原子炉があります。ウラン鉱床が地下水によって濃縮され、核分裂を始めたのです。一方、太陽の核では、水素の原子核がヘリウムになる核融合が起きており、核融合が太陽のエネルギーを生み出しています。

元素

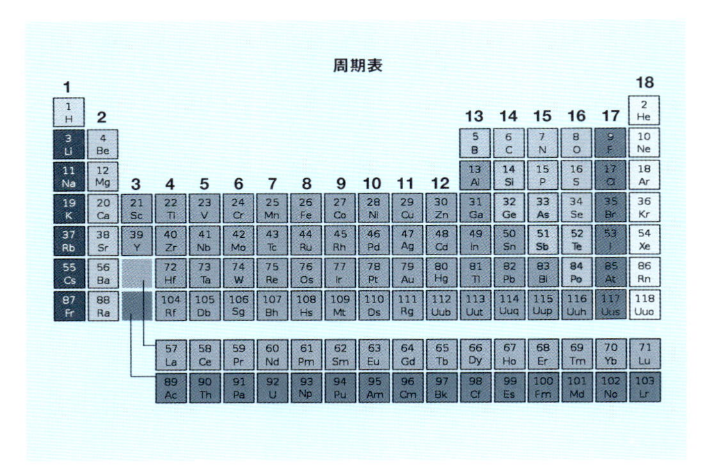

元素は自然界に見出されるもっとも単純な物質です。どの元素もそれぞれ決まった原子からなり、その原子はすべて原子核内に同じ数の陽子をもっています(この数が「原子番号」です)。原子核はマイナスに帯電した電子の殻に囲まれており、普通はその電荷が原子核の陽子がもつプラスの電荷を打ち消し、原子全体としては中性になっています。

原子には、水素はH、鉄はFeというように、それぞれ決まった元素記号がつけられています。もっとも軽い元素である水素は、陽子1個と電子1個からできています。原子番号92のウラニウムより重い元素は特に不安定で、急速に放射性崩壊(p.50参照)を起こします。

周期表というのは、繰り返し現れる傾向に着目して元素を並べたものです。左から右へ行くにつれて原子番号が大きくなり、縦に並ぶ元素は化学的な性質が似ています。たとえば右端の列にネオン(Ne)とアルゴン(Ar)がありますが、どちらも不活性ガスで、簡単には化合物をつくりません。この2つは最外殻電子の配置が同じで、この配置が化学的な性質を決定づけているのです。

同位体(アイソトープ)

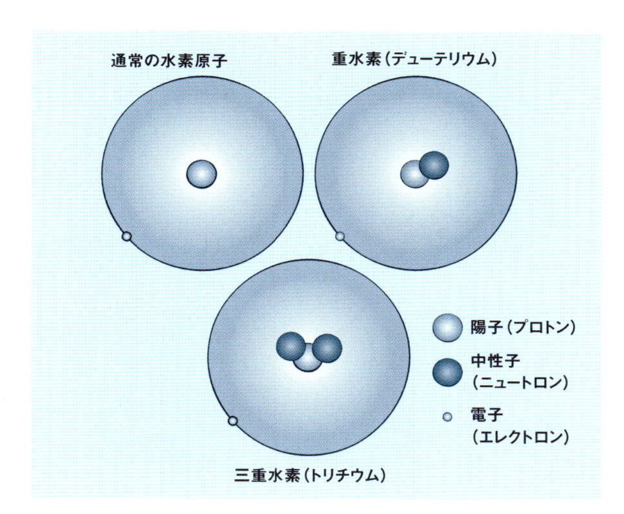

元素によっては、原子核内の中性子の数が異なる同位体が複数存在することがあります。炭素を例にとると、原子核の陽子は常に6個ですが、自然界には中性子の数が6個、7個、8個という3種類の同位体が存在し、それぞれ炭素12、炭素13、炭素14と呼ばれます。

元素の化学的性質は最外殻の電子の数で決まるので、同位体は普通、化学的には区別がつきません。しかし、同位体のなかには原子核の崩壊を起こすものがあり、崩壊速度がそれぞれ決まっています。たとえば、地球上の炭素の大半は安定同位体の炭素12ですが、炭素14は放射性同位体であり、5700年の半減期で崩壊します。

この性質を利用したのが放射性炭素年代測定です。生きている木では環境中の炭素との交換が絶えず行われるので、炭素12に対する炭素14の比は変化しませんが、木が死ぬと、その比は一定の速度で下がり始めます。ある古代の木片で、炭素14の比が「生きている」木の半分なら、その木片は5700年前のものに違いないとわかるわけです。

049

同素体

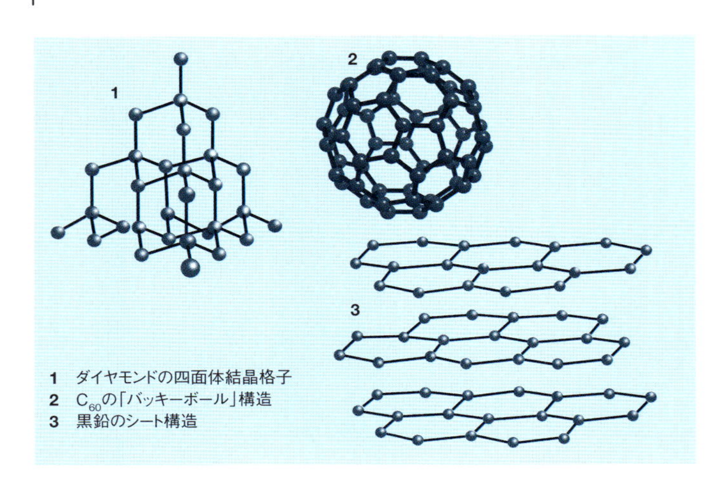

1　ダイヤモンドの四面体結晶格子
2　C_{60}の「バッキーボール」構造
3　黒鉛のシート構造

同じ元素でも、構成原子の結びつき方が違うために、異なる構造となる場合があり、それらを同素体と呼びます。たとえば、大気中の酸素には2つの同素体があります。原子2つからなる安定した酸素 (O_2) と、その二原子分子が太陽の紫外線を吸収してできる不安定なオゾン (O_3) です※。

固体の炭素にはよく知られた同素体が3つあります。炭素原子からなる四面体が格子状に結合しているダイヤモンド、炭素原子からなる六角形がシート状に結合して層をなしている黒鉛（グラファイト）、そして、炭素原子が球状またはチューブ状に結合したフラーレンです。サッカーボール形の分子（バッキーボール）、C_{60}はフラーレンの1つです。

同じ元素からできている同素体ですが、まったく異なる物理的性質や化学的性質をもつことがあります。ダイヤモンドは1つひとつの炭素原子がほか4つの炭素原子としっかり結合しているため、自然界でもっともかたい鉱物となっています。黒鉛のほうはシート同士の結合が弱く横滑りするため、比較的やわらかいという性質をもちます。また、二原子分子の酸素が無色無臭の気体なのに対して、オゾンは淡青色の気体で刺激臭があります。

※ O_2が紫外線を受けてOとOに分かれ、そのOが周りのO_2と結合する

溶液と化合物

1 薄い硫酸銅溶液には、水（溶媒）の量に対して比較的少量の硫酸銅分子（溶質）が溶けている

2 硫酸銅をさらに加え続けると、溶液はどんどん濃くなる

3 やがて溶媒がそれ以上の溶質を保持できなくなり、飽和と呼ばれる状態に至る

異なる元素の原子が化学反応を起こして結びつき、化合物をつくることがあります。たとえば、水素と酸素が反応すると水（H_2O）ができます。できた化合物の特性は、もとの元素の特性と大きく異なるのが普通です。水素と酸素の場合も、両者は室温で気体なのに、水は液体です。

原子の比は化合物によって決まっており、それらの原子は化学結合によって一定の配置に並んでいます。もとの元素に分けるのにも化学反応が必要です。これに対して混合物は、化学的に結びついているわけではないので、普通は濾過（ろか）や蒸発といった単純な機械的操作で分けることができます。

混合物には鋼鉄（鉄と炭素）のような合金もあれば、塩（しお）を水に溶かしてできる塩水のような溶液もあります。エマルジョン塗料のように粒子が均一に分散している場合は「コロイド溶液」と呼びます。一方、含まれる固体粒子が大きく、次第に沈殿して液体と分離するものは懸濁（けんだく）液といいます。

化学結合

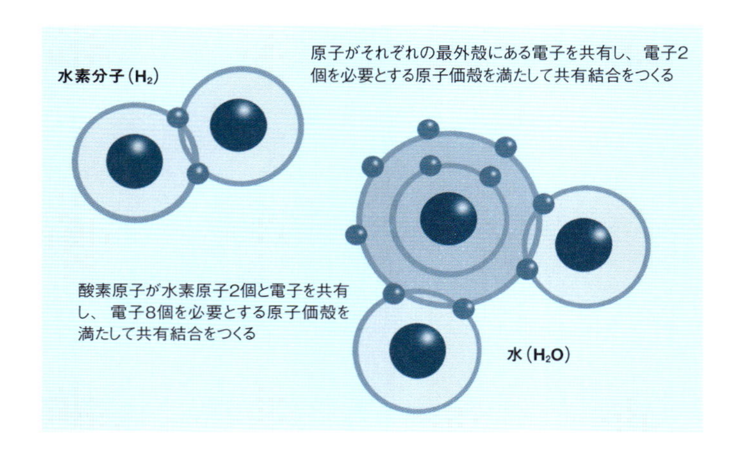

化学結合によって元素が結びつくと化合物ができます。化学結合が起こるのは、いちばん外側の電子殻（原子価殻）が完全に満たされているか、あるいは完全に空白であるときに、原子はもっとも安定するからです。

原子が原子価殻を完全に満たすべく協力し合い、最外殻の電子を共有することを共有結合といいます。たとえば、水素原子には最大2個の電子を収容できる殻がありますが、電子を1個しかもっていません。2つの水素原子が一緒になって最外殻の電子を共有し、互いの原子価殻を完全に満たすと、水素分子ができます。酸素原子なら原子価殻に電子2個分の空きがあるので、水素原子2個と共有結合して水になります。

イオン結合は、ある物質（たいていは金属）が電子を別の原子に提供して起こります。たとえば塩化ナトリウム（食塩）の場合は、ナトリウムが塩素に電子1個を提供します。するとナトリウムと塩素は反対の電荷をもつイオンとなるため、静電気の力で引き合って結合し、塩化ナトリウム分子ができあがります。

化学反応

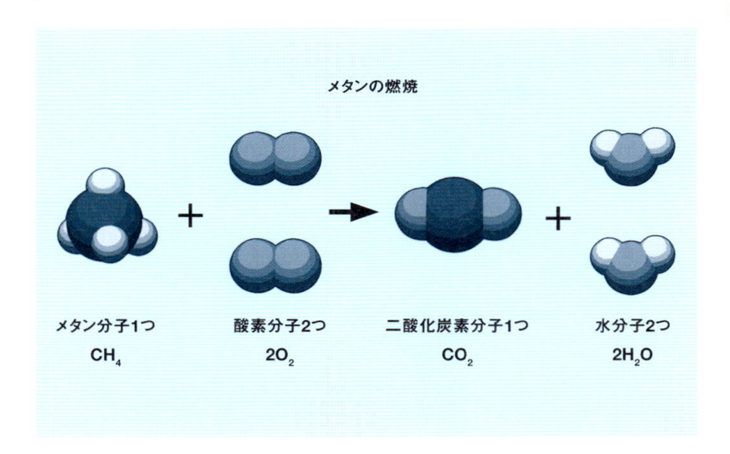

複数の原子や分子が相互に作用し、別の化合物に変わることを化学反応といいます。たとえば鉄がさびるとき、鉄は「酸化」という化学反応によって酸素と結びつき、赤褐色の酸化鉄に変わっています。

逆に、ヘマタイト(Fe_2O_3)のような鉄鉱石から酸素を取り除く反応は「還元」と呼ばれます。より広い意味では、酸化とは原子が結合によって電子を失うこと、還元とは電子を獲得することです。燃焼というのは燃料と酸化剤の化学反応であり、熱の放出を伴います。たとえば、メタンつまり天然ガスが酸素中で燃えると、水蒸気と二酸化炭素ができます。

「触媒」とは化学反応の速度を上げる物質ですが、それ自体は化学的な変化を受けません。化学反応のなかには可逆的なものもあり、たとえば、窒素と水素を結合させてアンモニア(NH_3)をつくる「ハーバー法」では、アンモニアが窒素と水素に分かれる逆反応も起こります。反応と逆反応が同じ速度であれば、その反応は平衡状態にあるといえます。

酸と塩基(アルカリ)

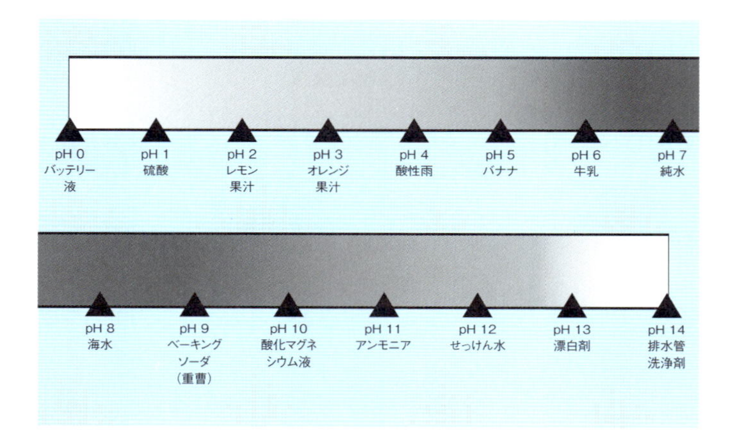

一般に、酸とはプラスに帯電した水素イオンが過剰な溶液のことで、塩基つまりアルカリとは、マイナスに帯電した水酸基(－OH)イオンが過剰な溶液のことです。酸と塩基はより広い意味で、電子の与え手と受け手と定義されることもあります。

酸の一例である塩酸は、塩化水素(HCl)が水に溶けて水素イオンと塩素イオンとの結合が壊れ、プラスの水素イオンが遊離したものです。同じように、水酸化ナトリウム(NaOH)が水に溶けるとアルカリ溶液ができます。酸性度を表すには0(強酸性)から14(強アルカリ性)までのpHスケールを用います。車のバッテリー液のpHがおよそ0から1であるのに対して、酸化マグネシウム液のpHは10前後です。完全に純粋な水はpH7の中性です。

酸と塩基が中和し合うのは、過剰な水素イオンと過剰な水酸化イオンが結合して水になるからです。この中和反応では、さまざまな塩(えん)も生じます。たとえば、塩酸と水酸化ナトリウムが反応すると、水とともに塩化ナトリウム、つまり食塩ができます。

電気分解

簡単な電池

1　亜鉛のマイナス極が電子を放出する
2　硫酸（電解質）
3　銅のプラス極が電子を受け取る
4　電流が電線を流れる

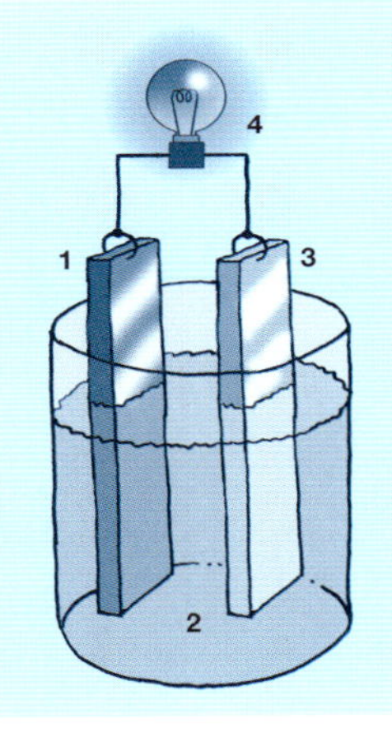

電気分解（電解）とは、電気を用いて化学反応を起こさせることです。流体の中に電極を差し込むと、流体中のプラスの電荷をもつイオンがマイナス極に向かって移動し、そこで電子を受け取ります。一方、マイナスの電荷をもつイオンはプラス極に移動し、そこで電子を与えて酸化されます。たとえば、溶けた酸化アルミニウムを電気分解すれば、マイナス極のところに純粋なアルミニウムができ、プラス極からは酸素の泡が発生します。

電池はこれを逆転させたもので、化学反応によって電気エネルギーを発生させます。電線でつないだ銅板と亜鉛板を硫酸溶液に入れると、電線に電流が流れます。亜鉛板が硫酸溶液に溶けて電子を放出し、それが電線を伝って銅板へと流れるのです。銅板に届いた電子は溶液中の水素イオンと結合し、水素ガスを発生させます。現代の電池の多くは、電解質として水酸化カリウムのペーストを使っています。

燃料電池の場合は少し異なり、外部から供給される燃料を消費しています。たとえば、連続して供給される水素ガスを酸化して水にすることによって、電気をつくります。

分子構造

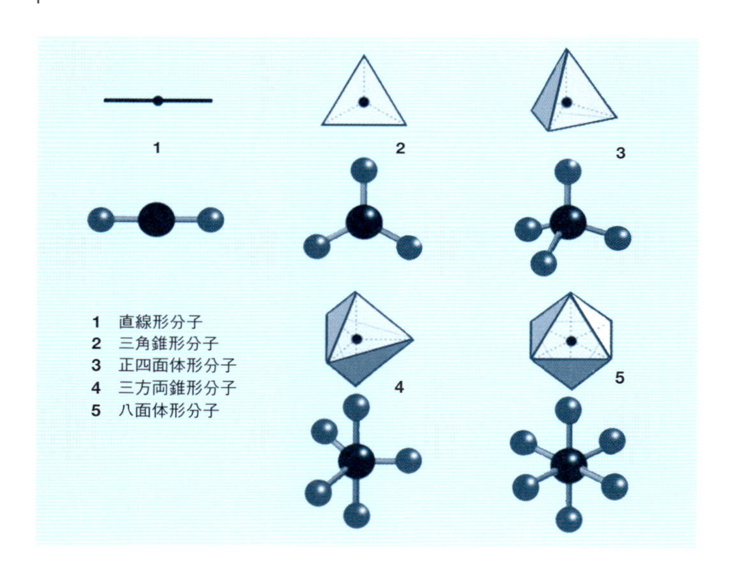

分子構造とは、原子の配置に注目して分子全体の形を表したものです。単純な構造の例としては、二酸化炭素（O＝C＝O）のように直線形をした分子や、メタンのような正四面体形の分子があります。メタンは炭素原子1個を囲むように正四面体があり、その四隅に水素原子が1個ずつあります。ほかには2つの三角錐（さんかくすい）の底面を合わせた三方両錐形（さんぽうりょうすい）分子や、面が8つある八面体形分子があります。六フッ化イオウ（SF_6）は八面体形分子の一例です。

「異性体」というのは、分子式は同じで分子構造が異なる化合物のことです。たとえば、フルクトースという糖はグルコースの異性体です。分子式は同じ$C_6H_{12}O_6$でも、原子の配置が異なっているのです。2つの異性体が互いに鏡像になっていることもあります。そうした分子を「キラル」な分子といい、2つの鏡像体はエナンチオマー（鏡像異性体）と呼ばれます。タンパク質を構成するアミノ酸の大部分はキラルな分子です。

構造式

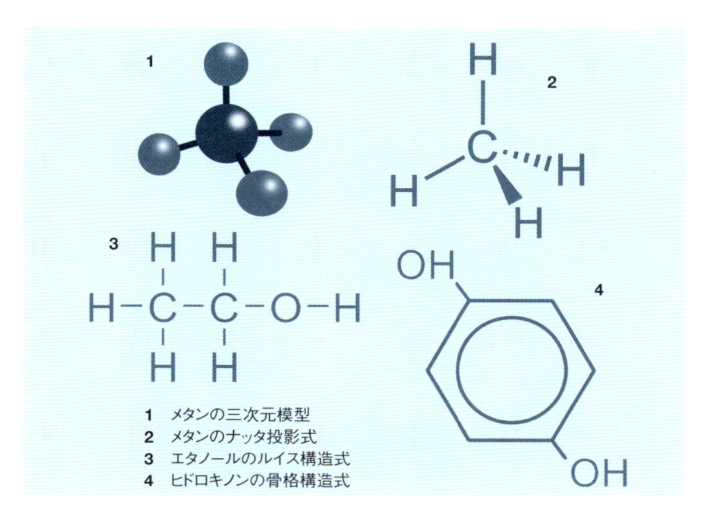

1 メタンの三次元模型
2 メタンのナッタ投影式
3 エタノールのルイス構造式
4 ヒドロキノンの骨格構造式

構造式は、分子の内部で原子がどのように結合しているかを示す式です。たとえば、エタノールの分子式はC_2H_6Oですが、構造式はCH_3-CH_2-OHとなり、メチル基(CH_3)がメチレン基(CH_2)の炭素に結合し、その炭素が水酸基(OH)の酸素に結合していることを示します。

構造式を図示するには、さまざまなやり方があります。その1つが、どの原子とどの原子が結合しているかを平面図で示す単純な「ルイス構造式」です。分子を三次元で表す「ナッタ投影式」では結合をくさび形で示すのですが、実線は手前に向かってくる結合、破線は遠ざかる結合を表しています。

複雑な有機化合物には骨格構造式がよく使われます。骨格構造式では、たとえばベンゼン環のC_6H_6を六角形で表します。簡略化のため、炭素や水素を原子記号で表示することはしません。図形の頂点にあたる位置に炭素があり、そこには炭素の4本の結合手を満たすのに必要な数の水素がついていると考えます。

極性

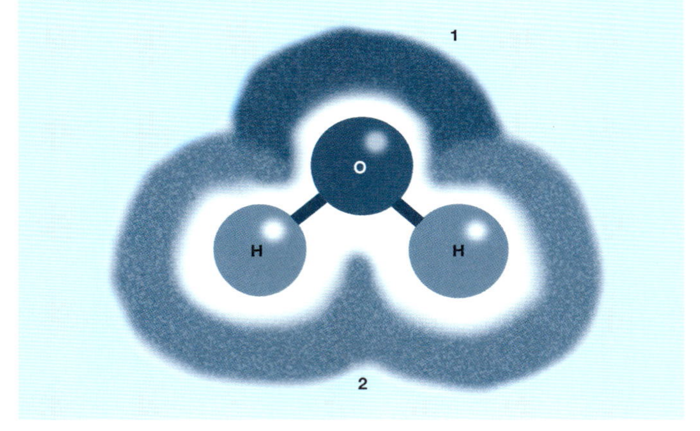

電荷の分布が不均一で、一方の側がプラスに、もう一方の側がマイナスに帯電している分子を極性分子といいます。

一例として水があります。2つの水素原子がそれぞれ酸素と一対の電子を共有して結合していますが、水素原子の側には過剰なプラスの電荷があります。酸素には共有結合にかかわらない電子も2対あり、それが水素原子との結合の反対側に位置していて、そちら側をマイナスに帯電させています。

水分子には、マイナスに帯電した側とプラスに帯電した側が隣り合うように並ぶ傾向があり、水素結合と呼ばれる弱い二次結合が生じます。この水素結合があることにより、水は凍ると結晶構造となって、液体の水より密度が低くなります。だから冬になって湖が凍ると、氷が水面に浮かぶのです。湖面の氷は毛布のように寒気を遮断し、湖が底まで凍るのを防ぎます。

分子工学

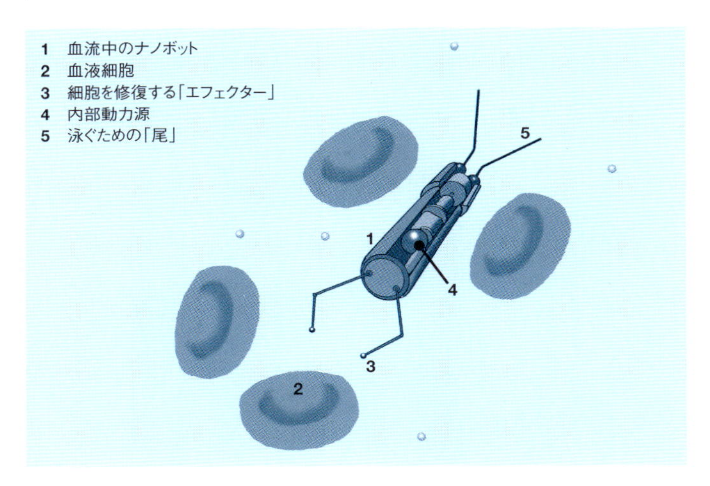

分子工学つまりナノテクノロジーは、1メートルの10億分の1（人の毛髪の幅の10万分の1）という、ごく微細なスケールで物質を扱う技術です。この技術によって、有用なナノスケール特性をもつ材料が生み出されます。肉眼ではとらえられない、厚さわずか3マイクロメートル（1マイクロメートルは100万分の1メートル）のコーティングもその1つで、車の排気管のステンレス鋼を腐食から守ります。

メガネのレンズにナノコーティングを施せば、傷つきにくく、汚れを拭き取りやすくなります。テニスラケットや自転車を軽量化するにあたり、複合材料の強度を高めるのに使われるナノ材料もあります。しかし、商品に含まれるナノ粒子を吸い込むことが、肺がんなどの病気を引き起こすかもしれないと懸念する専門家もいます。

ナノマシン、いわゆる「ナノボット」の研究開発は始まったばかりです。将来、食品包装に仕込んだ小さなナノセンサーで食中毒の原因菌を検出したり、血流中を泳ぐナノボットで細胞の傷ついたDNAを修復したり、腫瘍を見つけてやっつけたりできる日が来るかもしれません。

結晶構造

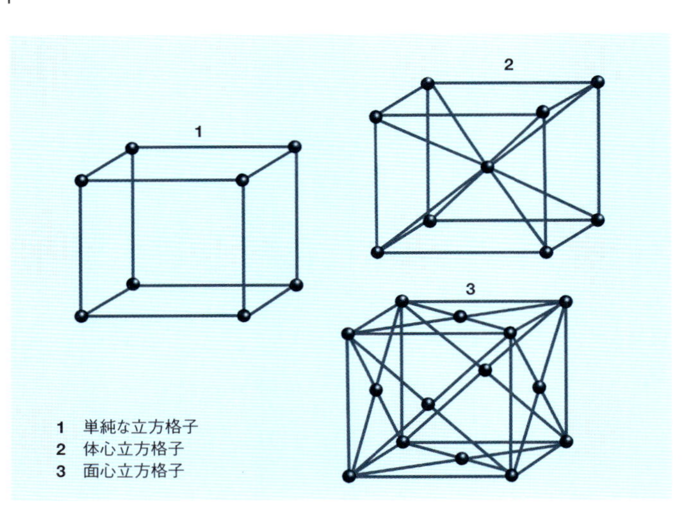

1　単純な立方格子
2　体心立方格子
3　面心立方格子

結晶あるいは結晶性固体は、原子または分子が一定の規則正しい反復パターンで並んでいる物質です。身の回りにある結晶には、食塩、雪片、ダイヤモンドなどがあります。結晶質岩石は溶液中にできる場合もあれば、溶けたマグマが冷えるときにできる場合もあります。たとえば、完全に結晶化した花こう岩は、マグマが冷え、高圧のもとで長い時間をかけて固まるときに形成されます。

結晶には、立方体の隅それぞれに格子点のある単純な立方格子のものや、立方体の中心にも格子点のある体心立方格子のものがあります。さらに、面心立方構造をとり、立方体の面の中央にも格子点をもつ結晶もあります。食塩はナトリウムと塩素の原子が交互に並び、面心立方格子を形成しています。

ほかにも、2つの三角錐の底面を合わせた形や八面体の連続など、もっと複雑な形をとる結晶もあります。結晶の構造を調べるにあたっては、X線を照射して回折パターンを見る方法がよく使われます(p.32参照)。

金属

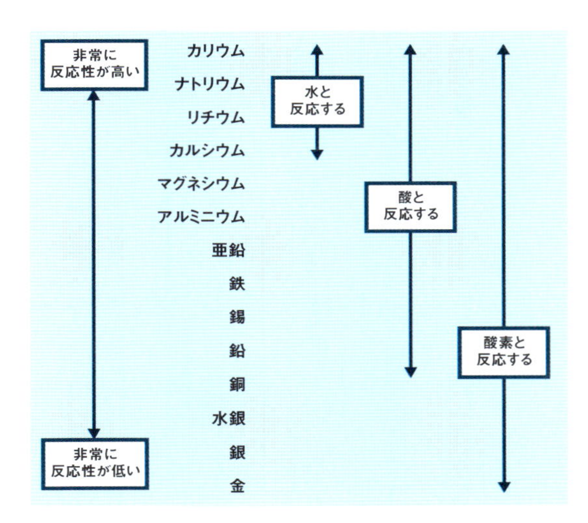

化学の分野でいう金属（メタル）とは、金属元素あるいは合金で、電気および熱の伝導性が高いものを指します。金属が電気と熱を伝えられるのは、最外殻の電子が原子と極めて弱い結びつきしかもたず、金属線を伝って流れやすいからです。この地球上でもっともありふれた金属は鉄とアルミニウムです。

金属は普通、非金属元素より密度が高く、電子を失ってプラスの電荷をもつイオンになりやすいという性質をもちますが、反応性の高さは上の図に示すようにさまざまです。たとえば、大気中の鉄が酸化鉄に変わってさびるのには何年もかかりますが、純粋なカリウムは空気に触れると一瞬で燃え上がり、酸化されます。貴金属の白金や金のように、空気とはまったく反応しない金属もあります。その他、アルミニウムやチタンのような金属は表面に薄い酸化物の層ができ、それ以上の酸化を防ぎます。

なお、紛らわしいことに、天文学では、宇宙に存在するどんな元素であろうと、水素やヘリウムより重ければ「メタル」と呼ばれます。

半導体

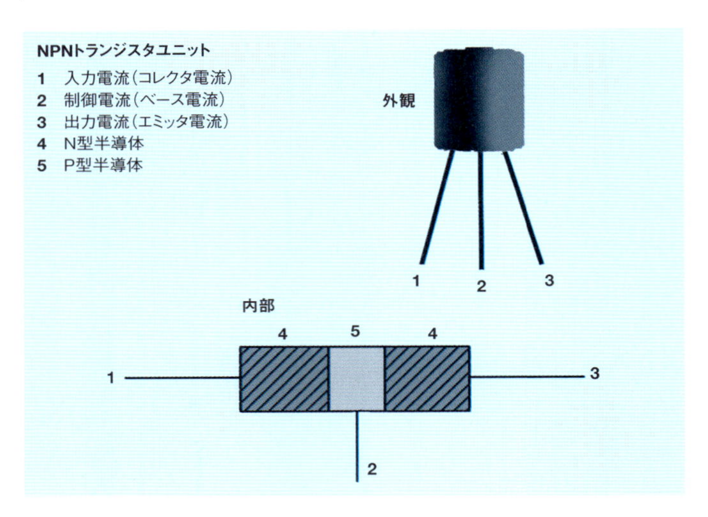

半導体とは、絶縁体(ほとんどのセラミックなど)よりは電気を通し、銅などの電気伝導体ほどは通さない物質をいいます。シリコンやゲルマニウムのように単一の元素のこともあれば、ヒ化ガリウム(ガリウムヒ素)やセレン化カドミウムのように化合物のこともあります。

電子が半導体の中を移動すると、周囲よりプラスに帯電した「正孔(せいこう)」が残ります。半導体のこの性質は、スイッチとしてよく使われるトランジスタのような電子機器に有用です。トランジスタの一例であるNPNトランジスタは、P型半導体(正孔が過剰)をN型半導体(マイナスの電荷をもつ電子が過剰)で挟んでいます。

NPNトランジスタの「ベース」に電流を流すと、P型領域における電導度が上昇し、その結果、トランジスタの中を「コレクタ」から「エミッタ」へと多くの電流が流れるようになります。トランジスタは今では非常に小型化され、集積回路(p.189参照)の上に載っています。半導体は現代のありとあらゆる電子機器において、極めて重要な役割を担っているのです。

ポリマー(重合体)

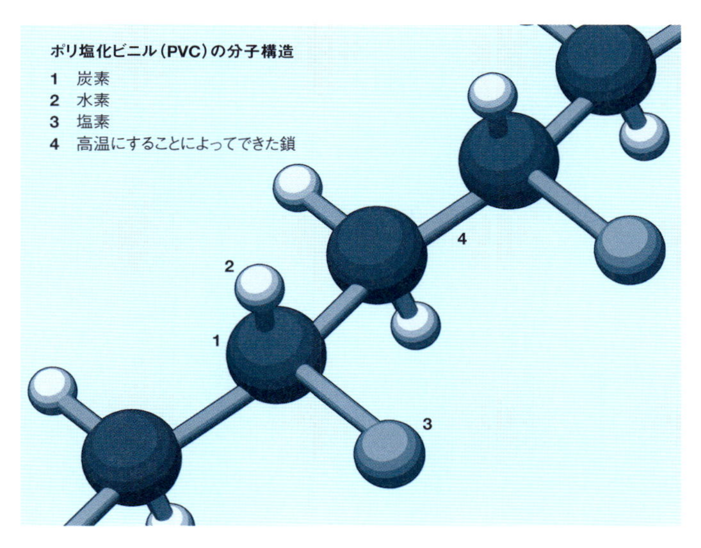

ポリマーは多くの反復ユニットからなる巨大分子でできた物質です。天然のポリマーには、糖のグルコースを反復ユニットとするデンプンや、アミノ酸が鎖のようにつながったタンパク質などがあります。ほとんどのポリマーは有機化合物で、炭素結合が土台になっています。

プラスチックは人工的に合成されたポリマーです。単純な合成ポリマーの1つであるポリエチレンは、CH_2(エチレン)ユニットが連なった鎖でできています。製造する際の温度や圧力を変えることで、牛乳などの容器に使用される高密度ポリエチレンにも、プラスチックフィルムやジッパー式保存袋用の低密度ポリエチレンにもなります。

ポリ塩化ビニルはポリエチレンに似たポリマーですが、塩素原子を含んでいます。このかたいポリマーは家屋の配管や窓枠、外壁などに使われます。ほかの化合物と混ぜ合わせてやわらかくすれば、レインコートやシャワーカーテンのような製品をつくることもできます。

063

複合材料

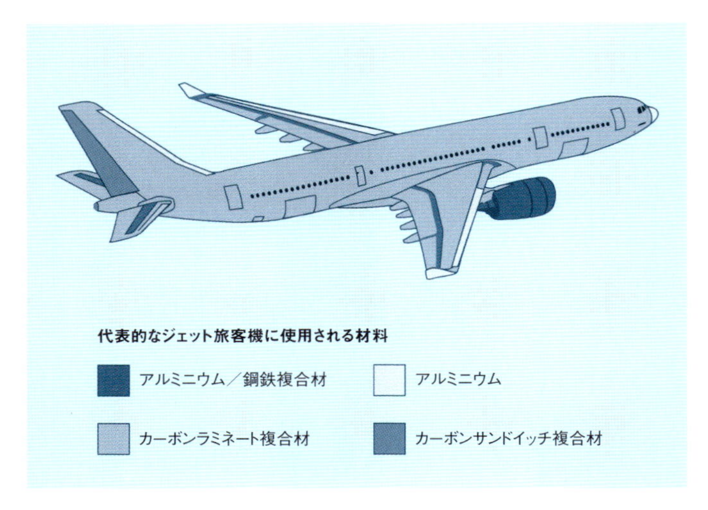

複合材料というのは、2つ以上の素材を完全には混合させずに組み合わせた材料です。その一例である強化コンクリートはセメントと不揃いな小石や砂を混ぜたもので、さらに強度を高めるために鋼鉄の棒を通すこともあります。木材は天然の複合材であり、複雑なポリマーであるリグニンという母材にセルロース繊維が組み込まれています。

複合材料は普通、軽量でありながら堅牢で強靭という性質をもたせることを目的につくられます。たいていは、ある素材（母材あるいは結合剤）が、ずっと強靭な素材（強化剤）の繊維を取り囲み、まとめあげます。たとえばグラスファイバーは、プラスチック母材をガラス繊維で強化したものです。

航空機の製造には、乱気流による圧力にも耐えられる軽くて強靭な材料が必要です。そうした材料の1つである炭素繊維強化プラスチックは、グラスファイバーに似ていますが、さらに強度を高めてあります。宇宙船ともなると、地球周回軌道上や惑星間空間での極低温に耐えられるよう、もっと風変わりな複合材料が使われます。

ナノマテリアル

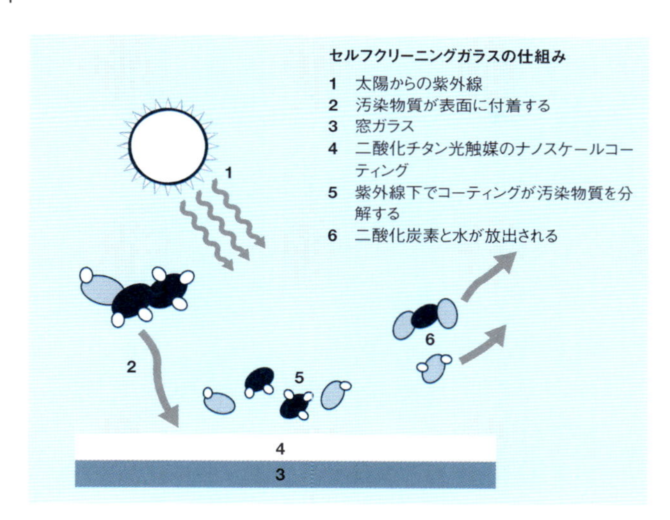

ナノマテリアルとは、1つ以上の次元が約100ナノメートル（1ナノメートルは1メートルの10億分の1）、つまり人の毛髪の幅の1000分の1より小さい物質のことです。ナノスケールの次元が1つだけ（被覆フィルムなど）、2つ（繊維や糸）、3つ（微粒子）という3通りが存在します。

極微の世界になると原子が量子力学的な振る舞いを見せ始めるため、多くのナノマテリアルが普通では考えられないような特性を示します。ナノマテリアルを使った製品はすでに市販されており、たとえばナノ粒子入りの日焼け止め剤は、皮膚を傷めるフリーラジカルを発生させることなく紫外線を吸収します。汚れのつきにくい繊維製品も登場しています。

窓に二酸化チタンのナノスケールコーティングを施せば、「セルフクリーニング」機能をもたせられます。コーティングが紫外線を吸収して有機物の汚れを分解するのです。このコーティングには「親水性」、つまり水とよくなじむ性質もあるため、雨は水滴とならずにシート状に広がり、ガラスは一様に透明なまま保たれます。

メタマテリアル

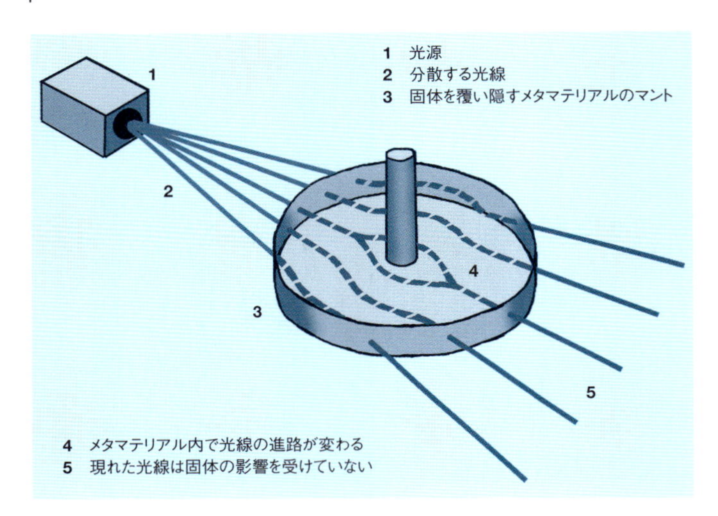

メタマテリアルは、自然界ではありえない奇妙な性質をもたせるべく人工的につくられた材料です。たとえば、SF映画には宇宙船や人間を透明にする「遮蔽（クローキング）」装置が登場しますが、そうしたはたらきができそうなメタマテリアルがあります。

使われるのは、光を巧妙にあやつるように設計された材料です。それを極めて薄い層にして交互に重ねると、光を思いがけない方向に曲げる負の屈折率（p.31参照）をもつことがあります。理屈の上では、物体を回り込むように光の波を進ませることもできるでしょう。回り込んでもとの進路に戻れば、「下流」側にいる人には物体が見えなくなるわけです。

研究はまだ始まったばかりで、透明人間になれるマントの実現につながる見込みは低そうです。とはいえ、似たような材料を顕微鏡に応用すれば、微細なウイルスや分子を画像化できるようになるかもしれません。普通のレンズと異なり、回折限界に悩まされることなく超微細な点に光を集束させられるからです（p.32参照）。

066

タンパク質

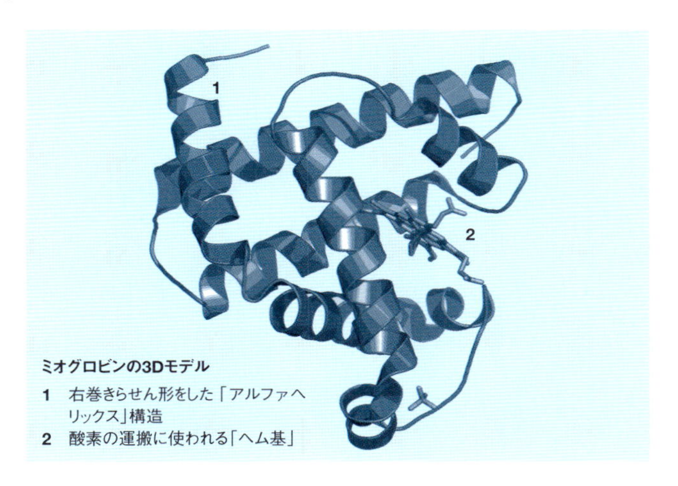

ミオグロビンの3Dモデル

1 右巻きらせん形をした「アルファヘリックス」構造
2 酸素の運搬に使われる「ヘム基」

タンパク質は複雑な構造をした大きな分子で、細胞の中でいくつもの重要な役割を果たしています。タンパク質はアミノ酸という、単純な構造をした小さな分子が数百個から数千個、鎖のように長くつながってできています。フェニルアラニンなどの「必須アミノ酸」は体内でつくることができないため、食事から摂取しなければなりません。

タンパク質の一部は抗体としてもはたらきます。ウイルスなどの異物を察知し、それらが細胞に侵入するために使う部位をあらかじめふさいで、病気を防ぐのです。受容体(p.76参照)や酵素としてはたらくタンパク質もあります。酵素は、細胞内で起こるさまざまな化学反応を促したり、DNA(p.77参照)の遺伝情報を読み取ってタンパク質の合成を仲介したりします。

植物であっても動物であっても、タンパク質はすべて20種類の主要アミノ酸でできていますが、その並び方はそれぞれ異なっています。そうしたアミノ酸の並びを一次構造といいます。細胞内ではまずアミノ酸が鎖状につながり、らせん状に巻いた二次構造を経て、最後に折りたたまれて三次構造をもつタンパク質ができあがります。

炭水化物

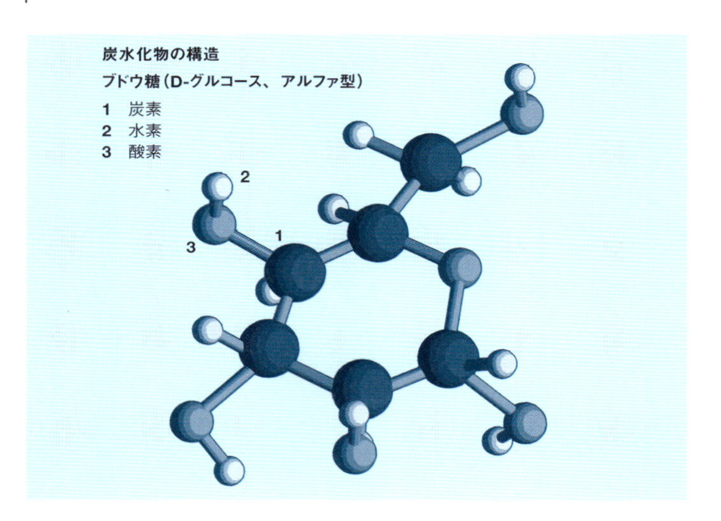

炭水化物は炭素、水素、酸素からなる有機化合物です。食品科学や日常生活で「炭水化物」という場合は、砂糖を多く含むチョコレートなどの食品や、デンプンでできているパンやパスタなどの食品を指します。

もっとも単純な構造の炭水化物は、果物を甘くする果糖（$C_6H_{12}O_6$）や、遺伝情報物質RNA（リボ核酸）の骨格となるリボース（$C_5H_{10}O_5$）などの「単糖」です。なかでもブドウ糖は代謝（p.74参照）され、エネルギー源として利用されます。ブドウ糖の化学式は果糖と同じですが、分子構造を見ると環の形が大きく違っています。

グラニュー糖の主成分であるショ糖（$C_{12}H_{22}O_{11}$）は単糖よりも大きな「二糖」で、果糖とブドウ糖が結合したものです。もっとも複雑な構造の炭水化物は、デンプンなど、ブドウ糖が何千個も結合した「多糖」です。植物はエネルギー源であるブドウ糖をデンプンとして蓄え、ヒトをはじめ動物の多くはグリコーゲンとして蓄えます。グリコーゲンは、たくさんの枝分かれしたブドウ糖がタンパク質を取り囲むような形で存在しています。

脂質

細胞膜の中のリン脂質

1　リン脂質の基本構造
2　極性をもつ頭部は水に引きつけられる
3　水に満たされた外部環境
4　極性をもたない尾部は水を避ける
5　水を通さない疎水性の内部環境

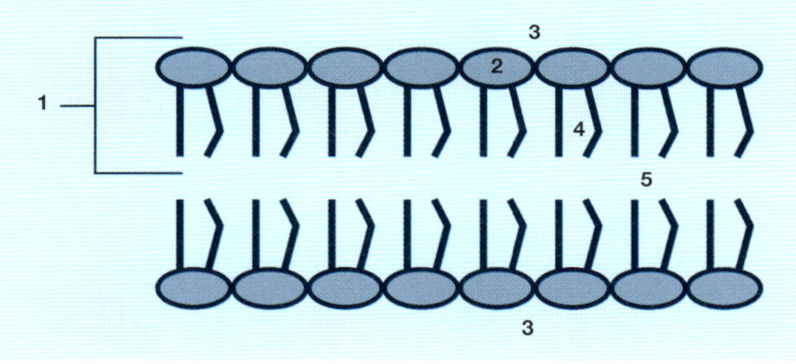

脂質は脂肪、ろう、一部のビタミン(ビタミンA、D、E、K)といった「疎水性」の分子の総称です。疎水性とは、水をはじき、アセトンなどの有機溶剤にのみ溶ける性質です。脂質は生物の体の中でさまざまな機能を果たしています。エネルギーを蓄えたり、細胞膜を維持したり、あるいは受精のような複雑な過程を調整するホルモンとして作用したりします(p.113参照)。

代表的な脂質には脂肪、ステロイド、リン脂質があります。脂肪は脂肪酸と、甘いアルコールであるグリセロールからできていて、エネルギーを蓄え、臓器を衝撃から守るはたらきをしています。ステロイドは4個の環式化合物からなる炭化水素です。植物性脂肪であるコレステロールや、性ホルモンのエストラジオールとテストステロンもステロイドの一種です。

リン脂質はたいてい脂肪酸2個とリン酸基からできています。水中ではそれらが疎水性の尾を向かい合わせにして整列し、2層のシート状になります。この2層のシートが細胞膜を形成し、細胞へのイオンや分子の出入りを調整しています。

代謝

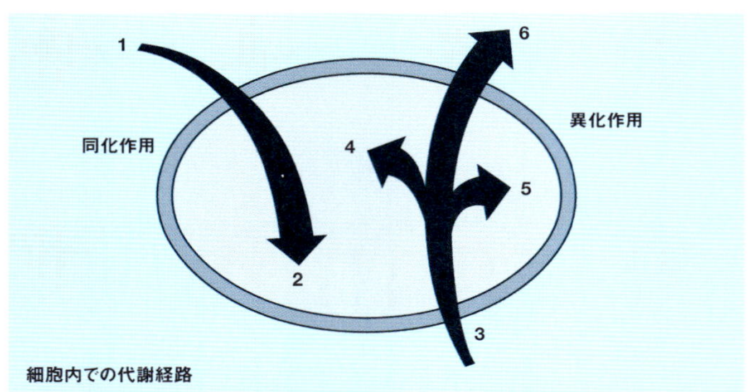

細胞内での代謝経路

1 生合成をするために栄養素を細胞内に取り込む
2 栄養素を利用して新しい細胞成分を合成する
3 食べ物を分解してエネルギーを生成する
4 エネルギーを利用して成長する
5 エネルギーを利用して運動をしたり、栄養素を運んだりする
6 老廃物を排出する

生物が生き続けるために必要な化学反応をまとめて代謝といいます。生物は化学反応を通して、生命活動の一端である成長や生殖のためのエネルギーをつくります。傷を治したり、毒を排泄(はいせつ)したりするのも代謝の作用です。

生物にもっとも多く含まれる物質は、水を別とすれば、まずタンパク質の構成成分であるアミノ酸、次いで炭水化物と脂質です。これらの物質がかかわる代謝反応は、大きく2つに分けられます。新しい細胞や組織をつくるために、タンパク質などの物質を合成する「同化作用」と、エネルギーを得るために、食べ物に含まれる分子を分解する「異化作用」です。

代謝では酵素も触媒として重要な役割を果たします。ある化合物が別の化合物に変わるとき、たとえばアミノ酸を集めてタンパク質を合成したり、食べ物に含まれるデンプンを構成成分である糖に分解したりするとき、その反応の効率を上げる物質が触媒です。人間の体では、よい栄養状態、たっぷりの水、十分な運動の3つが揃って初めて、健全な代謝が行われます。どれが欠けても代謝速度が落ちてしまい、体重の増加につながります。

化学合成

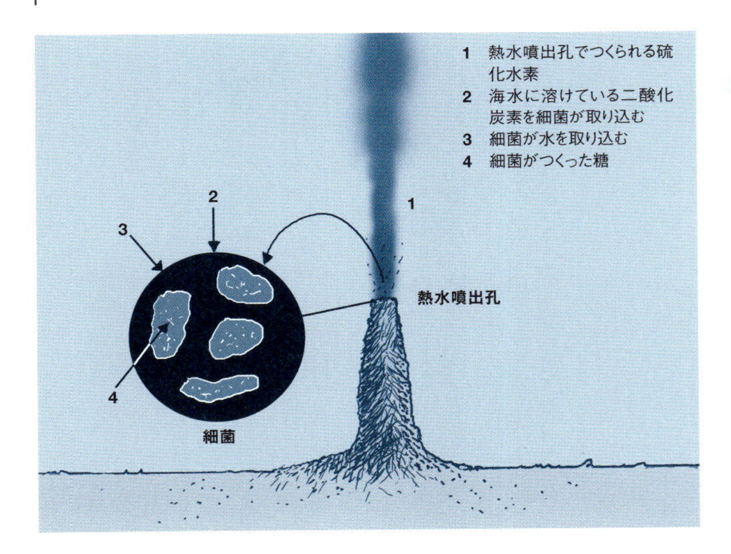

深海の熱水噴出孔には、化学合成を通じてエネルギーを得る珍しい微生物がすんでいます。化学合成という過程は光合成（p.90参照）に似ていますが、日光は利用しません。地殻からわき上がってくる硫化水素などの無機化合物を酸化して、エネルギーを獲得します。

熱水噴出孔では、海底の割れ目から伝わってくる地熱によって海水が温められ、その温度は100℃を超えています。驚くことに、極限環境微生物と呼ばれる細菌のなかには、120℃にもなる噴出孔を好むものもいます。深海では日光を利用できないため、こうした微生物は手近な化学物質を糖に変えてエネルギーをつくります。たとえば、ある種の細菌は硫化水素を酸化することによって、化学結合に蓄えられていたエネルギーを取り出し、水と海水中の二酸化炭素からブドウ糖をつくる反応に利用しています。

こういった細菌は、できて間もない地球の熱い環境にもうまく適応していたと考えられることから、最初に誕生した生命の有力な候補とされています。

受容体

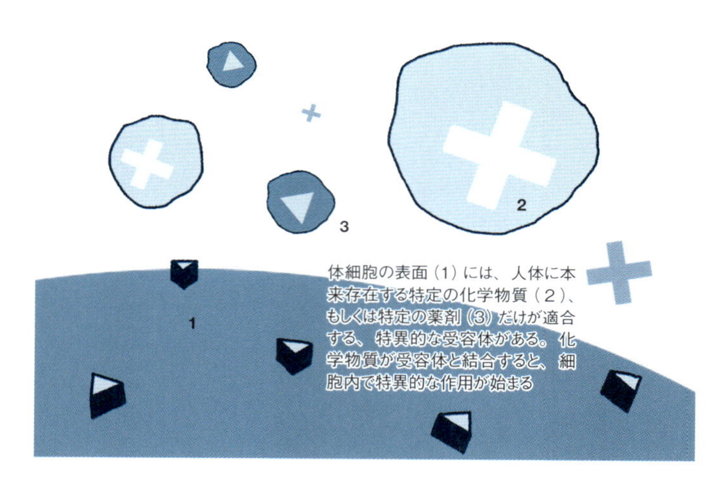

膜や細胞質には受容体と呼ばれるタンパク質が存在します。この受容体にホルモン（p.114参照）などの情報伝達物質が結合することにより、化学的な指示が伝えられます。たとえば、血糖を調整するホルモンであるインスリンは筋肉や肝細胞の受容体と結合し、糖を取り込む反応を促します。

情報伝達物質は特定の受容体を狙ってうまく結合します。大きさや形、電荷分布がぴったり合う受容体を見つけ、鍵穴に納まる鍵のごとく、しっかりくっつくのです。情報伝達物質と受容体が結合すると細胞の「鍵が開き」、化学変化が起こります。薬剤のなかには、ホルモンなどの情報伝達物質と同じような作用をするものが多くあります。たとえば、もともと人体には気分をよくするエンドルフィンという化学物質が存在しますが、痛みを和らげるモルヒネは、そのエンドルフィンと同様のはたらきをします。

受容体にくっついて有用な結合部位を完全にふさぎ、本来の情報伝達物質のはたらきを妨げる薬剤もあります。その1つ、抗ヒスタミン剤は、発疹やくしゃみ、かゆみを起こすヒスタミンという化学物質を阻害し、アレルギー反応を抑えます。

DNA

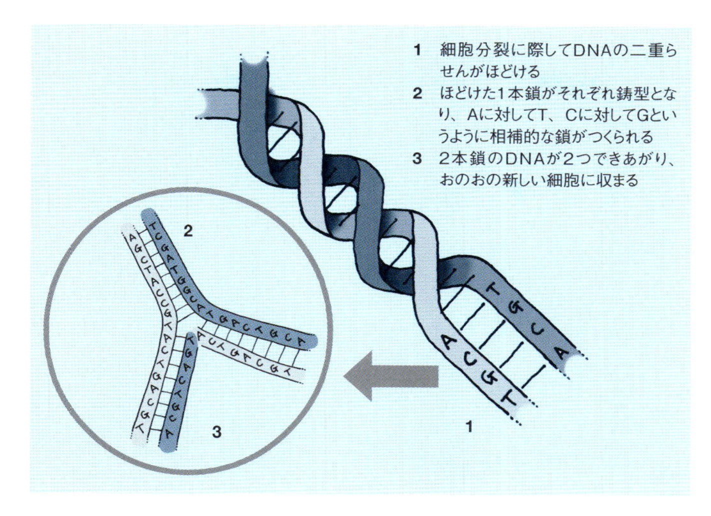

DNA（デオキシリボ核酸）という分子には、自己複製をする生物の成長や機能に関する指示がすべて暗号化されています。ヒトの体にも、ほぼすべての細胞に同じDNAが含まれています。その大部分は細胞の核の中にありますが、ミトコンドリア（p.83参照）に存在するものもあります。

遺伝情報は「塩基」と呼ばれる4種類の化学物質、アデニン（A）、グアニン（G）、シトシン（C）、チミン（T）の配列としてDNAに保存されています。塩基はペアを組み（AとT、CとG）、塩基対を形成しています。ヒトのDNAは約32億の塩基対でできていますが、1つひとつの塩基には糖（デオキシリボース）とリン酸がくっつき、「ヌクレオチド」という物質をつくっています。

ヌクレオチドはつながって長い鎖となり、この鎖が2本、ねじれたはしごのようにからまり合い、二重らせん構造をつくります。はしごの横木の部分が塩基、縦木の部分が糖とリン酸です。DNAはほどけて1本ずつの鎖になると、その鎖を鋳型にして塩基の並びをコピーし、自らを複製します。

RNA

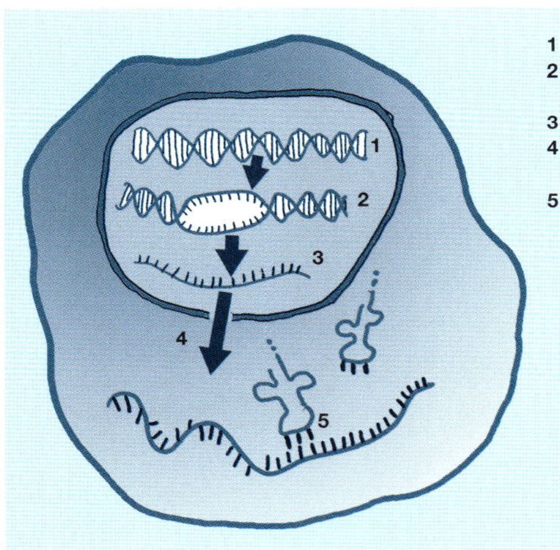

RNA（リボ核酸）はDNAによく似た分子ですが、遺伝情報は蓄えていません（RNAウイルスは除く）。しかし、遺伝情報を一時的にコピーするなど、細胞の中でさまざまな機能を担っています。

DNAと同じようにRNAも4種類の「塩基」の配列でできています。RNAの場合はウラシル（U）、アデニン（A）、シトシン（C）、グアニン（G）です。また、1つひとつの塩基に糖（リボース）とリン酸がくっついて「ヌクレオチド」をつくっています。DNAのように塩基がペアを組んで（UとA、CとG）二重らせん構造をつくることもありますが、たいていは1本鎖の状態で存在しています。

メッセンジャーRNA（mRNA）という短命の分子はDNAをコピーし、細胞のタンパク質合成装置であるリボソーム（p.84参照）まで運びます。リボソームではその情報を読み取って適切なタンパク質をつくります。必要なアミノ酸をトランスファーRNA（tRNA）がくっつけてリボソームまで運び、そのアミノ酸を使ってタンパク質がつくられます。

遺伝子

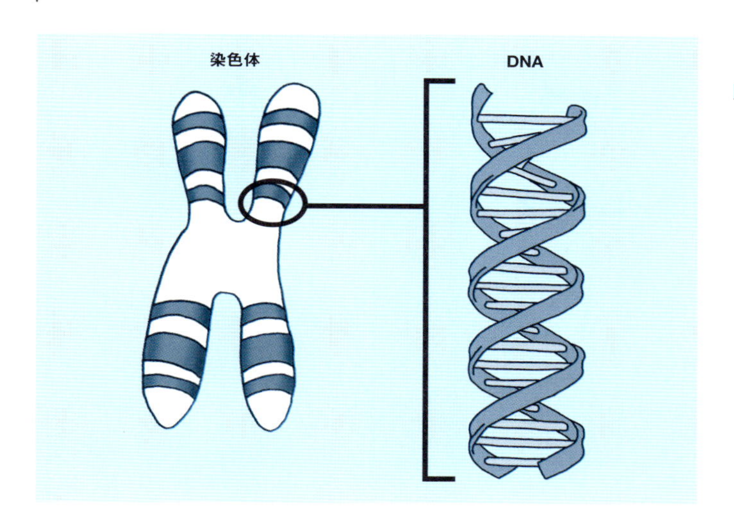

遺伝子はDNA上にあり、決まったタンパク質を合成するための設計図として振る舞います。遺伝子は対立遺伝子と呼ばれる対の形で存在し、遺伝の法則（p.80参照）に従って、親が子に伝える形質を決定します。ある生物のもつ遺伝情報全体を指してゲノムといいます。

13年を費やし2003年に完了したヒトゲノム計画は、ヒトのDNAに含まれる32億の塩基対の配列の解明と、約2万5000個の遺伝子の解読を目指した壮大な国際プロジェクトでした。その結果、平均的な遺伝子は約3000の塩基対からなること、しかし遺伝子の大きさにはかなりの幅があり、最大のものになると240万もの塩基対を含むことが明らかとなりました。

ヒトゲノム計画により、乳がんや筋ジストロフィーといった病気では、特定の遺伝子配列が発病の鍵を握っていることがわかりました。さらに、タンパク質を合成するための設計図を暗号化している遺伝子は、ゲノム全体のわずか2%にすぎないこともわかりました。残るDNAの一部は、どのような役割を果たしているのかまだ謎のままです。

075

遺伝の法則

遺伝の法則：血液型の場合

父親から受け継いだ対立遺伝子 ＼ 母親から受け継いだ対立遺伝子	A	B	O
A	A	AB	A
B	AB	B	B
O	A	B	O

子の血液型

遺伝の法則は、動物や植物の形質が子にどのように伝わるかを支配する基本法則です。19世紀にオーストリアの修道僧、グレゴール・メンデルが発見しました。エンドウを交配させ、次の世代で現れる花の色や茎の長さといった形質を調べていたときのことでした。

メンデルは実験により、それぞれの親から1個ずつ受け継いだ何か（今では遺伝子だとわかっています）が形質を決定していることを突き止めました。受け継いだ2つが異なれば、子にはそのどちらかが現れます。現れたほうを「顕性（優性）」と呼びます。また、花の色は花の色、茎の長さは茎の長さというように、異なる形質は別々に遺伝することにもメンデルは気づきました。

ヒトの血液型（A、AB、B、O）は、たった1個の遺伝子で決まります。AとBが顕性で、Oは「潜性（劣性）」です。したがって、親からAとO、またはBとOを受け継いだ子の血液型は、それぞれA、Bとなります。AとBは「共顕性（きょうけんせい）」といい、AとBを受け継いだ子の血液型はABとなります。

原核生物

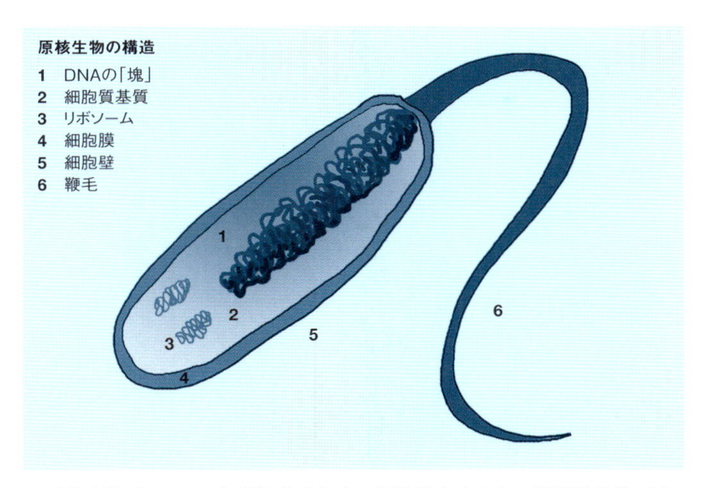

原核生物は、DNAを収納するための細胞核をもたない単細胞生物です。原核生物のDNAはひとかたまりになって、細胞の中央付近に浮かんでいます。原核生物にも真核生物(p.82参照)と同じように、アミノ酸を組み立て、タンパク質をつくるリボソームがあります。また、尾のような「鞭毛(べんもう)」をもち、かじを取りながら動く原核生物もいます。

化石を調べたところ、原核生物がこの地球上に現れたのは今から35億年ほど前と、かなり早い時期だったようです。原核生物は無性生殖によって増え、大きさは1〜10マイクロメートル(1マイクロメートルは100万分の1メートル)ほどであり、細菌と古細菌に分類されます。

細菌は1600年代後半に発見されました。地球上のあらゆる環境に広く生息していて、球状、らせん状、棹(さお)状など、さまざまな形をしています。古細菌は1970年代後半に初めて、細菌とは区別して分類されました。一見、細菌と似ていますが、遺伝的特徴や生化学的特徴はまったく異なり、海底の熱水噴出孔のような極めて高温な場所など、極端な環境に生息するものも多くいます。

077

真核生物

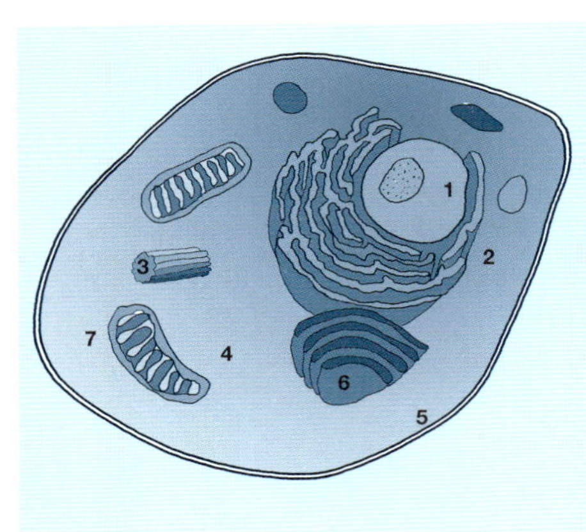

真核細胞の構造

1 DNAを含む核
2 リボソームを運ぶ小胞体
3 細胞分裂に重要な役割を果たす中心小体
4 細胞質基質(細胞間液)
5 細胞膜
6 タンパク質の輸送や加工を担うゴルジ体
7 ミトコンドリア

生物はすべて原核生物(p.81参照)と真核生物の2種類に大きく分けられます。真核生物には、単細胞のアメーバから複雑な構造をもつ動物や植物まで、いろいろな生物が含まれます。真核生物に見られる真核細胞は一般的に直径0.01ミリほど、原核細胞の約10〜15倍の大きさです。

真核細胞には「細胞膜」で包まれた核があり、その核の中にDNAを収めた染色体があります。染色体の数や形は生物によってかなり違い、ヒトには直線状の大きな染色体が23対あります。

核はおもに水からなる細胞質基質に浮かんでいますが、周りには独自の機能をもつ細胞小器官もさまざまに存在しています。ミトコンドリア(p.83参照)はエネルギーをつくります。膜がつながった構造の小胞体は、付着しているたくさんのリボソームを使ってタンパク質を組み立てます。

化石調査により、真核生物は17億年ほど前には地球に存在していたことがわかっています。一説では、ある原核生物が別の原核生物の中に取り込まれ、消化されないまま細胞小器官として生きながらえて繁殖した結果、真核生物が誕生したとされています。

078

ミトコンドリア

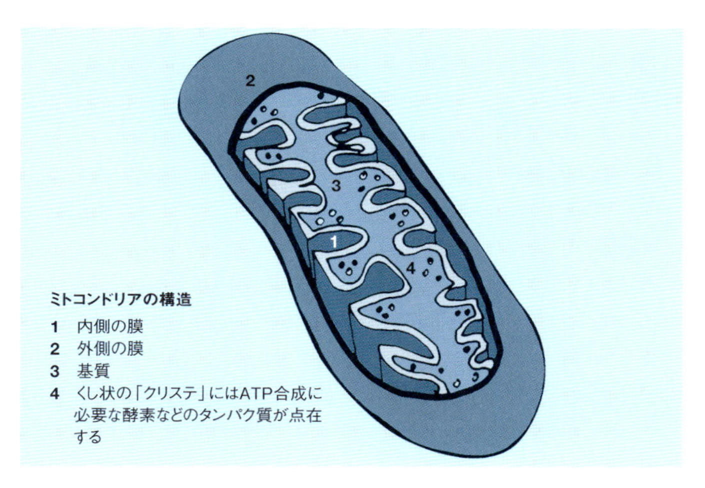

ミトコンドリアの構造

1　内側の膜
2　外側の膜
3　基質
4　くし状の「クリステ」にはATP合成に必要な酵素などのタンパク質が点在する

真核細胞（p.82参照）の中にあるミトコンドリアは、食べ物からエネルギーを取り出して細胞が利用できる形に変える、発電所のようなはたらきをします。1つの細胞には、エネルギー需要に応じて数百から数千個のミトコンドリアが含まれています。

小さなエネルギー工場であるミトコンドリアでは、酸素と単糖の反応から取り出したエネルギーを使い、細胞のおもなエネルギー源であるアデノシン三リン酸（ATP）をつくっています。ATPは充電された電池のようなもので、リン酸基を取り除くとエネルギーが放出され、複雑な反応を経て「充電されていない」アデノシン二リン酸（ADP）になります。ADPはミトコンドリアに戻り、再び充電されてATPになります。

ミトコンドリアは2重の膜からなり、独自の遺伝物質によって、宿主の細胞とは独立して自己複製します。ミトコンドリアの祖先は独立して生きていた細菌で、何らかの拍子にほかの細胞の中に取り込まれたのかもしれません。取り込まれた細菌は宿主の細胞に守られて生き残り、一方、宿主の細胞は、その細菌にエネルギー生産を頼るようになったのです。

リボソーム

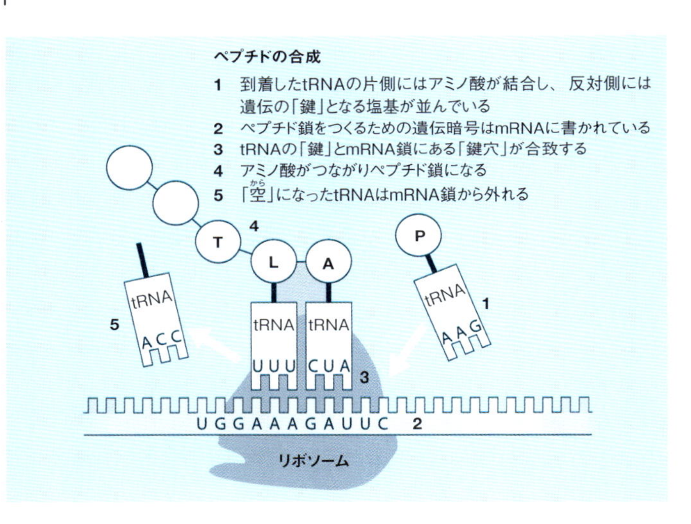

リボソームは植物、動物、細菌を含むあらゆる生物の全細胞の中に存在し、タンパク質を組み立てる工場の役割を果たしています。RNA分子とタンパク質でできており、液状の細胞質基質の中を漂うリボソームと、小胞体に結合したリボソームがあります。小胞体というのは真核細胞の中にある細胞小器官の1つで、複雑な網状構造の膜でできています。

1本鎖のメッセンジャーRNA(mRNA)が細胞のDNA遺伝情報をコピーし、リボソームまで届けます。他方、トランスファーRNA(tRNA)は特定のアミノ酸をくっつけ、リボソームまで運びます。リボソームではmRNAの指示に従ってアミノ酸がつながれ、タンパク質がつくられます。

細胞には一般に数千個のリボソームが含まれていますが、なかには数百万個も含む細胞もあります。リボソームの化学構造は細菌と動物とで異なります。その違いがあるおかげで、多くの抗生剤はヒトや動物に害を及ぼすことなく、細菌のタンパク質合成を妨害できます。病気の原因となる細菌のリボソームだけを狙い撃ちすればいいからです。

細胞分裂

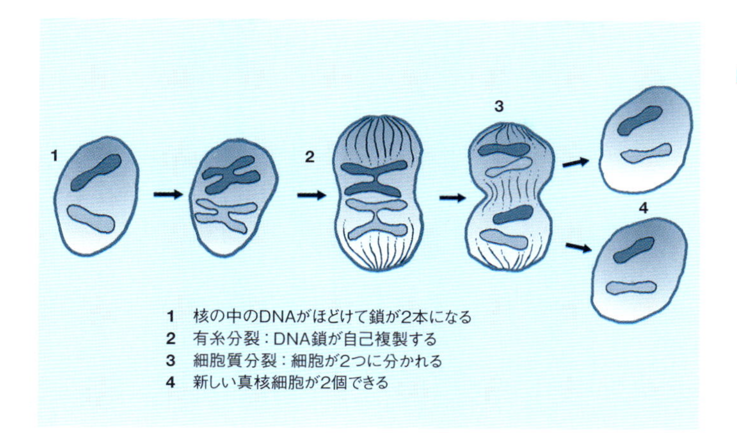

生物の細胞は細胞分裂によって増殖します。ヒトなどの真核細胞(p.82参照)は有糸分裂という方法により、まったく同じコピー細胞をつくって成長したり、組織を修復したりします。有糸分裂ではまず、細胞の核にある2本鎖DNAがほどけて、2本の1本鎖DNAになります。次に1本鎖DNAがそれぞれヌクレオチド(p.77参照)と結合し、もとのDNAのコピーをつくります。最後に「細胞質分裂」が起き、もとと同じDNAをそれぞれ含む2個の細胞に分かれます。

「減数分裂」というのは、有性生殖のための卵と精子をつくる細胞分裂です。卵細胞と精細胞の染色体の数は、普通の細胞の半分です。精子と卵が受精して融合すると、男性と女性から半分ずつ染色体をもらい、普通の数に戻ります。

細菌などの原核生物(p.81参照)は、たいてい二分裂という方法で細胞分裂します。1本鎖DNAの塊が複製して2つになり、それぞれ細胞膜の別々の場所に付着したところで、細胞がDNAごと2つに分かれるという仕組みです。

配偶子

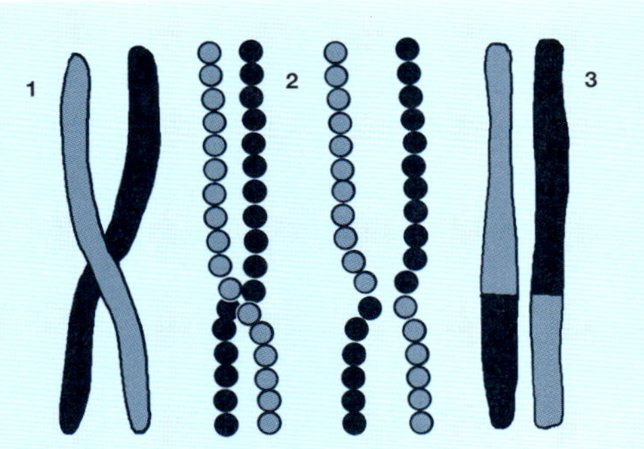

1 染色体は父親と母親から1本ずつ受け継ぐ
2 減数分裂の過程で染色体上の遺伝子が入れ替わる
3 子に伝わる遺伝子は親と異なる新しい組み合わせになる

配偶子とは、有性生殖をする動物や植物の生殖細胞のことです。ヒトをはじめほとんどの動物では雄の配偶子を精細胞、雌の配偶子を卵細胞といいます。

配偶子は減数分裂という細胞分裂を経てできます。通常の分裂では新しい細胞が2個できますが、減数分裂では4個です。したがって、配偶子に含まれる染色体の数は通常の細胞の半分になります。ヒトの場合、通常の細胞では2組ある23塩基対が、配偶子では1組になります。減数分裂の間に「染色体交差」が起こり、2本の同種の染色体の間で遺伝子が部分的に入れ替わります。その結果、配偶子の遺伝子は新しい組み合わせとなります。

卵と精子は受精をすると融合し、染色体を2組もつ「接合子」をつくります。1組は男性から、もう1組は女性から受け継いだものです。融合して1つになった細胞は細胞分裂を起こし、胚に成長します。ほとんどの哺乳類（ほにゅうるい）の性は、X染色体とY染色体という性染色体によって決まります。両親からX染色体を受け継ぐと女性（XX）に、母からX染色体、父からY染色体を受け継ぐと男性（XY）になります。

生物の分類

動物、植物、微生物を分類する基本となる方法を考え出したのは、1700年代初頭に活躍したスウェーデンのカール・リンネです。植物学者であり動物学者でもあったリンネは、共通する形態をもとに生物を種に分けました。以来、今日に至るまでリンネの分類は、進化の系統樹に関する新しい情報を受けて修正が重ねられてきました。

現在の生物学では、あらゆる生物を古細菌、細菌（p.81参照）、真核生物という3つのドメインに分けます。動物と植物は真核生物に含まれます。ドメインは動物界、植物界、菌界、原生生物界、古細菌界、細菌界の6つの界に分けられます。界はさらに門、綱、目、科、属と細かく分かれていき、最後はもっとも基本的な分類である種となります。

通常、種と呼ばれるのは、生物学的に互いに似ていて、交配により繁殖可能な子を産む生物グループのことです。地球に存在する種をすべて数えあげることは到底できませんが、科学者によると500万から1億の間くらいになるそうです。

動物

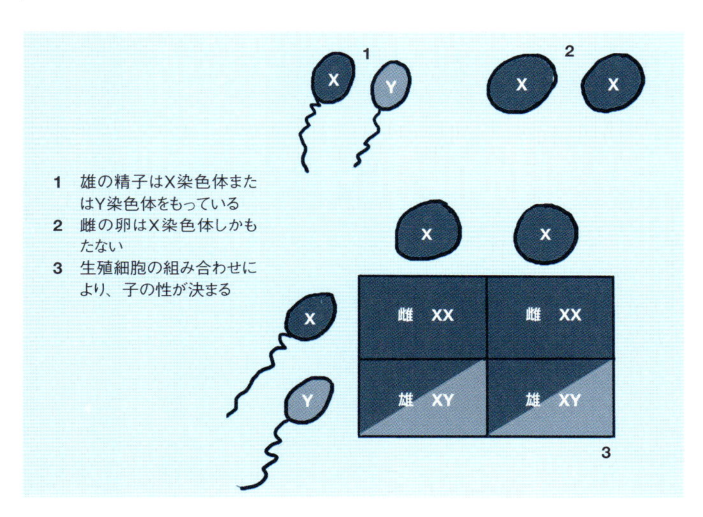

動物は動物界に属する多細胞の真核生物であり、ミミズ、昆虫、カイメン、ヒトなど、現在わかっているだけでも150万を超える種からなる一大グループです。動物はすべて「従属栄養生物」です。つまり、生命の維持に必要な有機化合物を、自分の体内でつくることができません。だから動物は生きていくために、ほかの生物を食べるのです。成長するにつれて体制（体の基本構造）が決まってきますが、なかには変態を経る動物もいます。たとえば、青虫は蛹化（ようか）し、姿を変えてチョウになります。

動物のなかには無性生殖によって子孫を増やすものがいます。アブラムシはときに自分のクローン（p.107参照）をつくり、単独でも子を増やします。とはいうものの、大多数の動物は有性生殖で子孫を増やします。有性生殖では、雄と雌の遺伝物質が組み合わされて子ができます。

受精により卵と精子が融合すると「接合子」ができます。接合子には、雌と雄、それぞれから1組ずつ受け継いだ染色体が計2組含まれています。接合子は細胞分裂によって胚に成長します。

植物

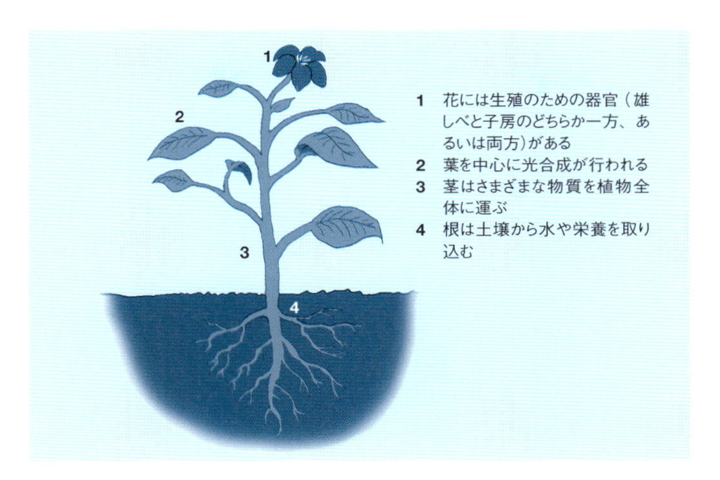

植物は日光を利用して光合成（p.90参照）を行い、エネルギーと有機化合物をつくる真核生物です。植物にはよく見かける草や木などのほかに、おもに水辺や水中で生息する緑藻も含まれます。緑藻には単一の細胞として存在するもの、コロニー状のもの、海藻のような葉状体をつくるものがあります。現在、植物はおよそ35万種が確認されています。

典型的な植物には、土壌中の根から伸びるしっかりした茎と、茎の「節」から出てくる枝があります。有性生殖で繁殖する植物の多くは、花の中で雄しべの花粉と子房の胚珠が受精します。受精した胚珠は種皮で守られた状態で地面に落ち、そこから次の世代が発芽します。無性生殖をする植物は、花を使わずに繁殖します。たとえば、鱗茎（りんけい）を分割することで、まったく同じ遺伝子をもつ個体をつくる植物などがその例です。

陸上に最初に植物が現れたのは4億5000万年以上も前のことです。およそ3億8500万年前には森林が広がっていました。花をつける植物が進化したのは約1億4000万年前。それ以来、陸上では花をつける植物が優勢となっています。

光合成

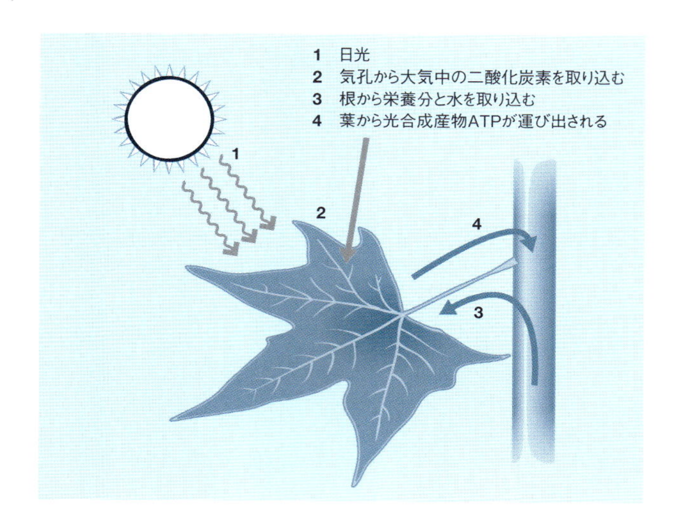

光合成とは、日光のエネルギーを利用してブドウ糖などの糖をつくる過程であり、植物のほか、一部の細菌や真核微生物も光合成を行っています。植物の葉には、太陽エネルギー集積装置のような役割を果たす光合成細胞がぎっしり詰まっていて、その中では水と二酸化炭素から糖と酸素がつくられます。

陸上の植物は水を根から取り込み、葉まで運びます。大気中の二酸化炭素は、葉の表皮にある小さな「気孔」から取り込まれます。気孔は環境条件に応じて開いたり閉じたりし、二酸化炭素を取り込むだけでなく、光合成でつくられた酸素を大気中に放出する役割も担っています。

植物は呼吸もします。呼吸では、糖と酸素から二酸化炭素と水がつくられますが、同時にアデノシン三リン酸（ATP、p.83参照）も生成して、生命活動に必要なタンパク質の合成などにエネルギーを供給します。植物の呼吸が行われるのはおもに夜間、つまり、光合成による二酸化炭素の取り込みと酸素の放出が停止している間です。

原核細胞からなる微生物

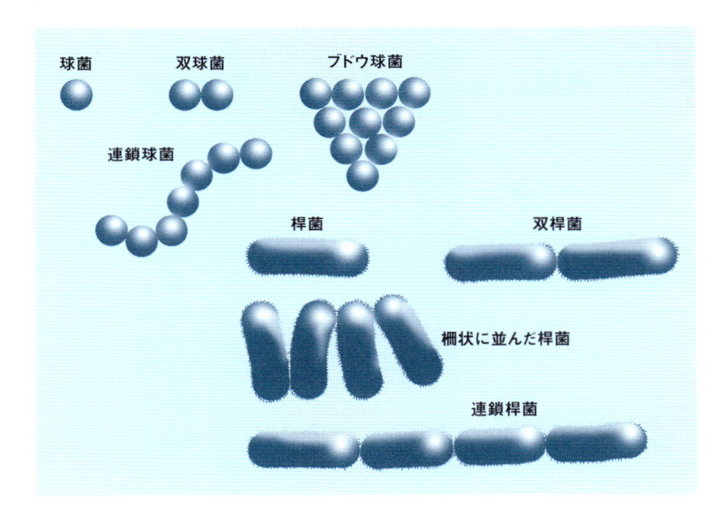

原核細胞からなる微生物、すなわち原核生物（p.81参照）は、細菌と古細菌の2つに分類されます。いずれも単細胞ですが、種類も数も地球上でもっとも多いグループで、とても小さいにもかかわらず（多くは1000分の1ミリメートルほど）、全生物体量の半分近くを占めます。

細菌は実にさまざまな形をしています。文字通り球形の球菌もあれば、長い棒のような形をした桿（かん）菌もあります。2個ずつつながっている菌もあり、その場合は名前の前に「双」がつきます。鎖のように長くつながっている菌は名前の前に「連鎖」がつきます。ブドウの房のような三角形をつくる菌には「ブドウ」がつきます。棒のような桿菌は分裂して、柵状配列と呼ばれる構造をつくることもあります。

細菌の多くは病気を引き起こします。たとえば、連鎖球菌のなかには肺炎や髄膜炎を起こす種がいます。一方、古細菌は細菌と似ているものの化学的な構造がまったく異なり、現在わかっている限りでは病気を起こしません。古細菌は、地球上にもっとも早く現れた生命ではないかと考えられています。

真核細胞からなる微生物

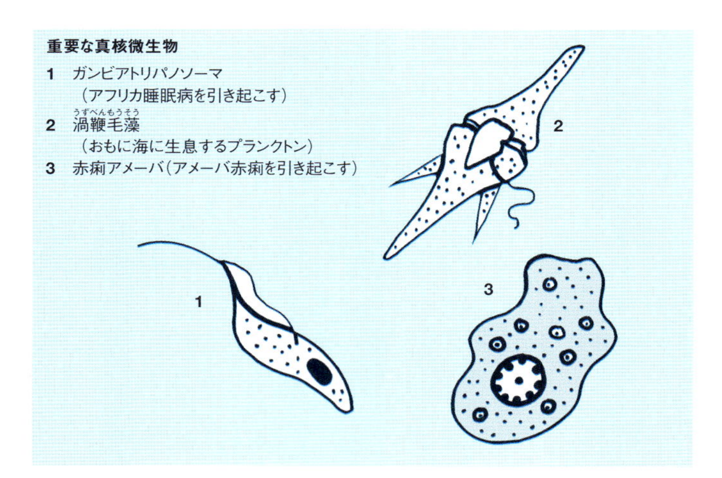

真核微生物にはさまざまな生物が含まれますが、いずれも非常に小さいので肉眼で見ることはできません。動物、植物、真菌、「原生生物」の4つのグループに分けられ、同じ微生物でも簡単なつくりの原核生物、すなわち細菌や古細菌とは異なり、細胞の核の中にDNAを収めています。

動物に分類される真核微生物には、イエダニ、線形動物（線虫類）の多く、ワムシ（おもに淡水にすむ小さな濾過摂食動物）などが含まれます。微小で、光合成をする緑色の藻類は、植物に分類されます。また、真菌には、パン酵母のように単細胞の種もいます。「原生生物」にはさまざまな生物が含まれますが、共通しているのは単純性です。単細胞か、多細胞であっても特定のはたらきをする組織はもっていません。

真核微生物は細菌と同様に重篤な病気を引き起こすことがあり、マラリアもその1つです。また、ある種の真菌は作物に大きな被害をもたらします。こういった病気の処置は簡単ではありません。真核微生物を殺したり、その成長を阻害したりする化学物質はすべて、植物や動物の真核細胞に対しても毒となる可能性があるからです。

ウイルス

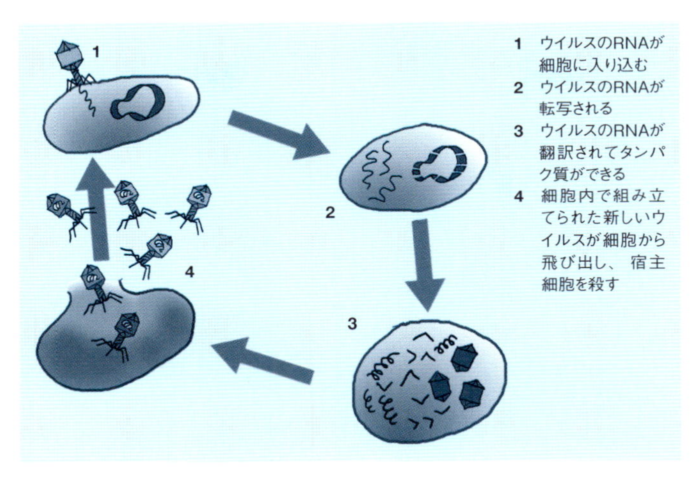

ウイルスは遺伝物質を収めた小包のようなもので、生物(動物、植物、細菌など)の細胞に感染する能力をもっています。ウイルスは自分の力だけでは増殖できません。宿主となる生物の細胞に侵入し、その複製機構を乗っ取ることで増えていきます。

ウイルスはRNAまたはDNAと、それを守るタンパク質の殻でできており、多くは10～300ナノメートル(1ナノメートルは10億分の1メートル)ほどの大きさです。宿主生物の細胞膜から細胞に入り込むと、運んできた遺伝子を放出し、自分の遺伝子を複製させます。宿主細胞の中で組み立てられた新しいウイルスは、細胞から飛び出して宿主を殺します。ただし、なかには何年も休眠状態のまま居座るウイルスもいます。

植物ウイルスは、植物を餌(えさ)にしている昆虫によって植物から植物へと運ばれます。ヒトの罹患(りかん)する風邪やインフルエンザは咳(せき)や鼻水を通して広がる一方、ヒト免疫不全ウイルス(HIV)は性的接触などによって伝わります。ありがたいことに、私たちの免疫系はほとんどのウイルス感染を防いでくれますし、手ごわいウイルスもワクチン接種で予防することができます。

生物を構成する物質の起源

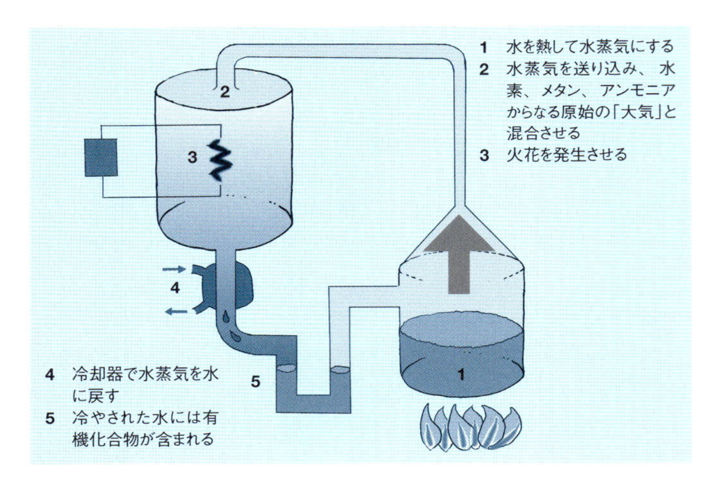

生命に必要な有機化合物がどのようにして地球上に現れたのかは、科学者といえども推測しかできません。単純な構造の物質が化学反応をするなかで自然に生じたのか、はたまた宇宙からやってきたのか。

1953年にシカゴ大学で行われた有名な実験があります。若い地球を覆っていた嵐のような大気状態が単純な物質に化学反応を引き起こし、生命の成分をつくり出したと考えて、スタンリー・ミラーとハロルド・ユーリーが実験で確かめたのです。具体的には、水、メタン、水素、アンモニアの混合物中で、雷を模した放電を行いました。果たせるかな、タンパク質の構成成分であるアミノ酸も含む、いくつもの有機化合物ができました。

実際、初期の地球で活発だった火山活動により、放出された二酸化炭素、窒素、イオウ化合物を含む濃厚なスープが海にできたことを示す証拠も出てきています。したがって、そのような状況下で生物を構成する物質の生成が促された可能性は十分にあります。あるいは、彗星(すいせい)にはアミノ酸などの有機分子が存在することが確かめられているので、彗星と衝突した際に、生体を構成する完成済みの物質が運ばれたとも考えられます。

複製する生命

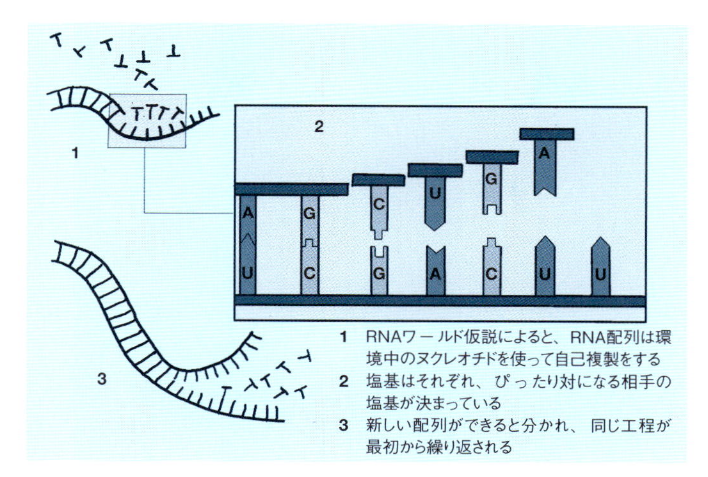

1 RNAワールド仮説によると、RNA配列は環境中のヌクレオチドを使って自己複製をする
2 塩基はそれぞれ、ぴったり対になる相手の塩基が決まっている
3 新しい配列ができると分かれ、同じ工程が最初から繰り返される

とにもかくにも、できて間もない地球は、生命に必要な複雑な有機化合物を手に入れました。では、ただの化合物から自己複製する生物への飛躍は、どのようにして起こったのでしょうか？

生命の起源には大きな謎があります。現在存在する自己複製をする生物はすべて、タンパク質生成に必要な遺伝情報を、DNAを利用して保存しています。一方、DNAをコピーして繁殖するには、タンパク質である酵素が必要です。つまり、DNAとタンパク質はどちらも生命にとって不可欠ですが、地球が両方を同時につくりあげた可能性は極めて低いと思われます。「RNAワールド仮説」も唱えられています。最初の生物はRNA（p.78参照）だけを利用して自己複製をした、という説です。RNAであれば、DNAのように遺伝暗号を運ぶだけでなく、酵素としてはたらくなど、ほかの仕事もこなせます。とはいえ、RNAのような複雑な分子が初期の地球環境の中で自然にできたという考えには、やはり疑問が残ります。単純で説得力のある「ワンポット合成※」実験によって生命の発生が再現されでもしない限り、生命の起源に関する決定的な答えは出ないのかもしれません。

※1つの容器に複数の物質を順に入れ、多段階の反応を進行させる合成手法

生命の地球外起源説

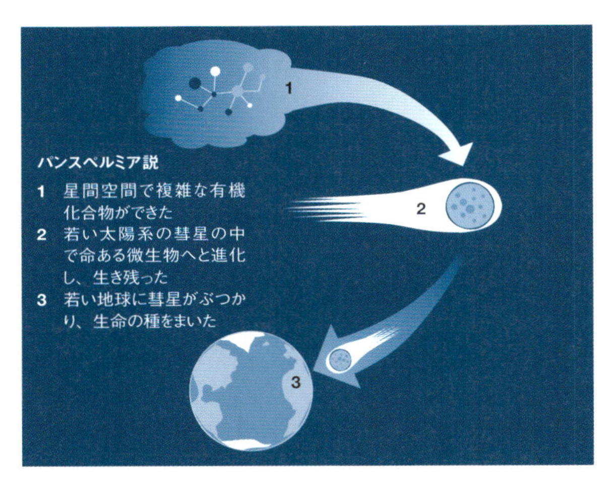

生命が地球上でどのように生じたかについて、面白い説明があります。生命は自然に生じたわけではないというのです。このパンスペルミア説では、宇宙から飛来した彗星や隕石（いんせき）が複雑な有機化合物とともに、正真正銘の生物も若い地球に運んできて、そこからあらゆる生命が進化したのだと考えます。とすると、私たちは皆、宇宙人の子孫になりますね。

パンスペルミア説によると、単純なつくりの生物は彗星などの天体に乗って、太陽系中に、おそらくは太陽系の外にも広がっているそうです。地球にぶつかった彗星はたくさんの水を海にもたらしましたが、同時に、宇宙で何十億年もの時間をかけ、少しずつ十分な進化をとげていた微生物も、地球に運んできました。そう考えると、生物がすめるくらいの環境に落ち着いて時をおかず、地球に突如として生物が「現れた」理由も説明できます。

さらに面白いことに、ある種の細菌は極寒の宇宙を生き抜けるうえ、彗星がぶつかったときの衝撃に耐えられる性質までもっています。そうはいっても、パンスペルミア説は推測の域を出ません。微生物が宇宙で存在できるというわずかな手掛かりだけで、直接の証拠はないのです。

進化

進化とは、子孫に伝えられる遺伝形質(たとえばヒトの目の色など)に変化が起こり、生物集団が長い時間をかけて変わっていく現象です。このような変化は環境からの圧力によっても起こります。キリンの場合は、高い木に茂る葉をたっぷり食べられる個体が生き延びて、長い首の子孫をたくさん残した結果、現在のような姿に進化したと考えられています。

このような「自然選択」(p.98参照)は進化の重要な推進力の1つですが、遺伝的要因が重要な役割を果たす進化もあります。たとえば、ランダムに自然発生する突然変異によって、たくさん子をつくるのに有利な形質が生じ、この変異が集団の中に残り続ける場合などです。また、ある種の遺伝子変異体によって繁栄が偶然もたらされる「遺伝的浮動」(p.99参照)も、進化にかかわります。

複数の種の間に生態上の密接な相互作用があると、共進化が起こります。たとえば、草食動物に襲われないように植物が棘(とげ)を進化させると、草食動物のほうも植物の戦略をくじくため、棘に対する守りを進化させるのです。

自然選択

自然選択は進化の基本的な仕組みの1つです。1858年、イギリスの科学者、チャールズ・ダーウィンとアルフレッド・ラッセル・ウォレスがそれぞれ独自にこの理論を唱えました。

体の大きさなど、生物の形質には個体によって差があり、その違いが生き残りを左右することがあります。生存に有利な形質が何世代にもわたって伝えられるうちに一般的になり、やがて、その集団は別の種となって分かれていきます(「種分化」)。このような場合は、時がたってから振り返ると、異なる種が祖先を同じくしています。たとえば、ヒトとチンパンジーを約600万年前までさかのぼると、共通の祖先に行き着きます。

よく知られているものに、産業革命中のイギリスで短期間のうちにオオシモフリエダシャクに生じた自然選択があります。木の幹が煤煙(ばいえん)で黒っぽくなったため、それまで一般的だった淡色の個体が目立つようになり、鳥に襲われやすくなりました。暗い色の個体のほうが多く生き残って繁殖し、やがてイギリスのオオシモフリエダシャクはほぼすべて暗い色になりましたが、大気汚染防止基準が定められると、今度は逆の現象が起こりました。

遺伝的浮動

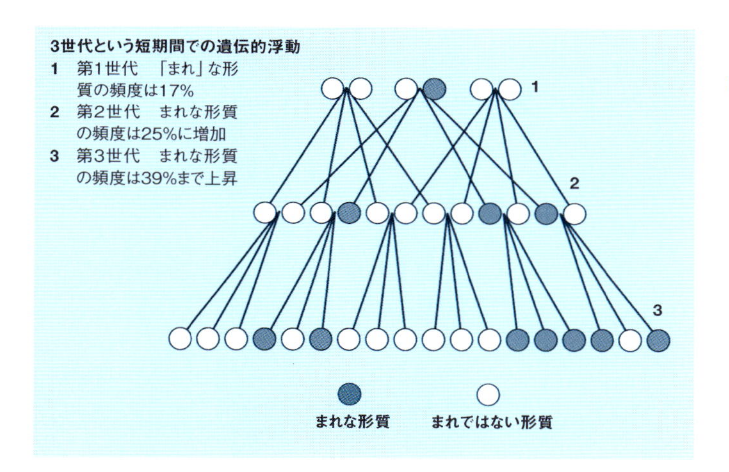

遺伝的浮動は進化を促す推進力の1つです。集団の中で、ある形質をもつ個体がたまたまたくさん子を産んだり、あるいはまったく子を産まなかったりすることがありますが、そうした偶然が原因で、その形質が増えたり消失したりする現象をいいます。

非常に小さな集団で遺伝的浮動が起こると、遺伝的多様性が急速に失われる傾向にあります。たとえば、10匹の動物からなる集団のうち、2匹だけが遺伝子変異をもっていたとします。この2匹が子をつくらなければ、これを最後にその変異は集団からなくなってしまいます。

遺伝的浮動の一種に、大きな集団から少数の個体が隔離されて起こる「創始者効果」があります。1700年代後半、ミクロネシアのピンゲラップ島が台風に襲われたとき、生き残った島民はわずか20人でした。この20人から子孫が続いていったのですが、現在、島の人口の5～10%が一色覚(明暗のみ認識する型)です。この色覚障害は、ほかの地域では出現頻度が極めて低く、島では台風の生存者の一人がその潜性遺伝子をもっていたために、増えたと考えられます。

095

人類の起源

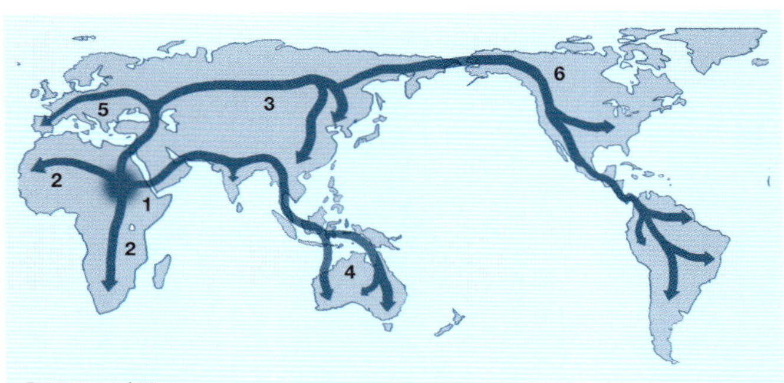

「出アフリカ」説

1　人類の起源は東アフリカ（約20万年前）
2　アフリカ中に拡散（10万年前）
3　アジアへ移動（6万年前）
4　東南アジア、オーストラリアへ拡散（5万〜6万年前）
5　欧州西部へ移動（4万年前）
6　アメリカ大陸に定着（1万5000〜3万5000年前）

今この世界に生きている人々はすべて、11万〜13万年ほど前にアフリカにいた一人の女性、「ミトコンドリア・イブ」の子孫です。母から子へと受け継がれるヒトのミトコンドリア（p.83参照）を調べ、DNAを分析した結果、この仮説が導き出されました。

広く受け入れられている「出アフリカ」説によると、現生人類（ホモ・サピエンス）は約20万年前に東アフリカで誕生し、その後、10万年をかけてアフリカから世界中へと移動していきました。中東へは約7万年前に入り、6万年前までには南アジアへ、そして、欧州西部には約4万年前に到達していたようです。北米に定着した時期はよくわかっていませんが、おそらく3万年ほど前、あるいはもう少し後かもしれません。

現生人類は行く先々で、現生人類以前の種、たとえばアジアでは眉が飛び出たホモ・エレクトスに取って代わりました。ただし、遺伝子を調べたところ、解剖学上の現生人類と3万年前に絶滅したホモ属の一種、ネアンデルタール人とは、交雑していた可能性が浮かび上がっています。

食物網

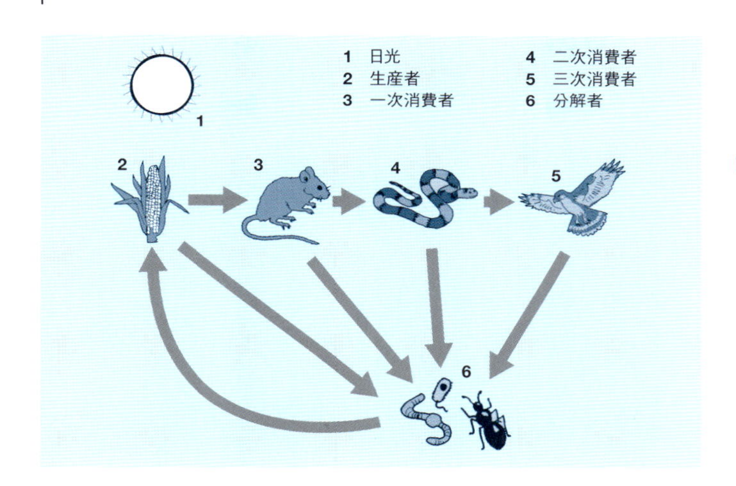

食物網および食物連鎖は、ある生態系における生き物の摂食関係を図解したものです。食物連鎖は普通、「タカがヘビを食べ、ヘビがヒキガエルを食べる」というような直線的なつながりを表します。これに対して食物網は、複数の食物連鎖がつながった複雑なネットワークを表します。

生物はすべて生産者、消費者、分解者の3つに分類できます。緑色植物のような生産者は、自らが生きていくために必要な栄養を、エネルギーと単純な無機化合物からつくることができます。消費者は、ほかの生物を食べて命をつなぎます。消費者には、植物を食べる植物食性のもの、動物を食べる動物食性のもの、両方を食べる雑食性のものが存在し、草食性のものを「一次消費者」として、一次消費者を食べる二次消費者(たとえばネズミを食べるヘビ)、二次消費者を食べる三次消費者というように続いていきます。

分解者というのは、ミミズや倒木に生えるキノコなど、死んだ動物や植物を餌にする生き物です。分解者は有機物を分解して、緑色植物のような生産者が必要とする単純な無機化合物や栄養素に変えてくれます。

循環

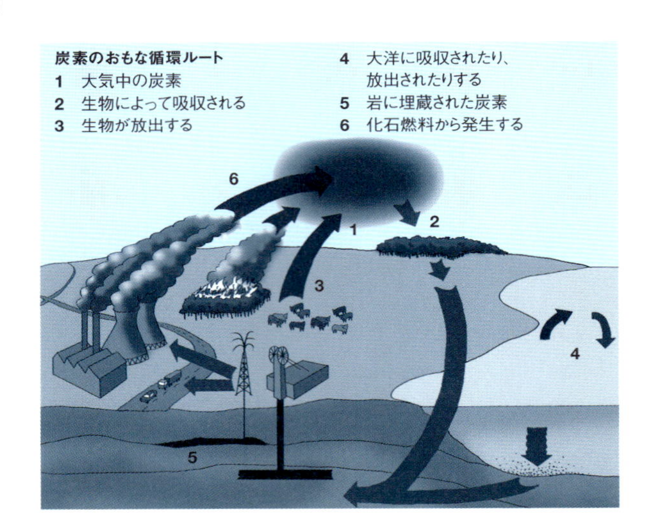

炭素循環とは、あらゆる有機物に不可欠な炭素が、陸地、大洋、大気、地球内部など、地球環境のさまざまな場所をぐるぐると回る様子を指します。

植物は光合成中に二酸化炭素（CO_2）を吸収し、死んで分解されると炭素を放出します。植物体が地下に埋もれて何百万年も圧力を受けると、化石燃料に変わります。呼吸の際には植物も動物もCO_2を出し、化石燃料を燃やせば、さらに多くのCO_2が放出されます。CO_2という気体はわずかに水に溶けるため、湖や大洋がその一部を吸収し、サンゴや貝や甲殻類がそれを炭酸カルシウムに転換します。それらの生物が死ぬと、炭酸カルシウムは海底の堆積物中にたまります。

重要な循環としてはほかに水の循環が挙げられます。海面を渡る暖かい空気が水を蒸発させ、その蒸気が上昇し凝縮して雲になり、雨や雪となって降ります。窒素も循環しており、大気中の窒素は養分として植物に取り込まれ、「固定」されます。動植物が死ぬと、窒素化合物は土壌細菌によって分解され、気体となった窒素が大気に戻るというわけです。

生物多様性

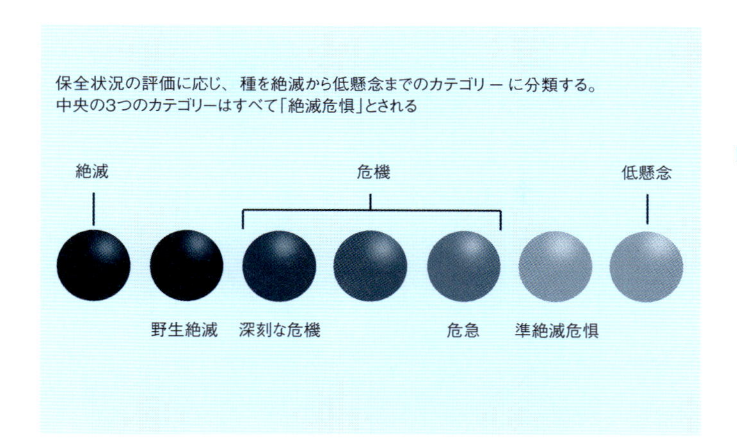

単細胞である細菌から昆虫、さらには、これまでに存在したことが知られているなかで最大の動物、シロナガスクジラに至るまで、地球上にはさまざまな種が生きています。生物多様性とは、そうした種がどれほど多岐にわたっているかを表す尺度です。また、1つの種のなかでの遺伝的な多様性や、湿地帯と森林のように生態系の多様性を指すこともあります。

これまでに同定された地球上の生物は175万種前後ありますが、大半は細菌や昆虫のような小さな生物です。おそらくこれはほんの一部にすぎず、種の真の数は1億にのぼるだろうと推定されています。しかし、農耕のために生息地を破壊するといった、ここ何世紀かの人間活動によって、種の絶滅率には急激な上昇が見られます。

国際機関の報告によると、1500年から2009年の間に絶滅した種は800以上にのぼります。1980年代に完全に死に絶えたジャワトラもその1つですが、人知れず姿を消したものが圧倒的多数です。保護活動を推進している団体は「絶滅」から「低懸念」まで、存続の危険度に応じて種をいくつかの段階に分類しています。

大量絶滅

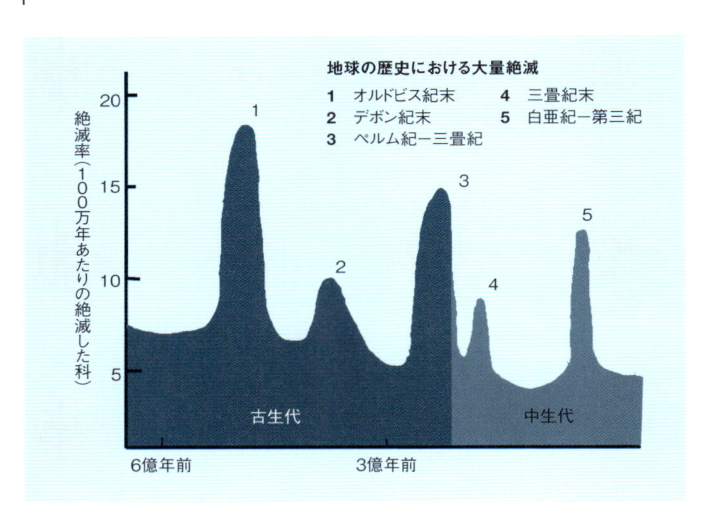

大量絶滅とは、環境の変化によって膨大な数の種が死に絶えることをいいます。典型的な例がおよそ6500万年前、恐竜が全滅した白亜紀－第三紀絶滅です。大型の小惑星が地球に衝突した結果、大気中に塵（ちり）が充満して気候を変えたためだと考えられています。日光が遮られて気候が寒冷化してしまい、恐竜は生き延びることができなかったのです。

化石を調べると、過去には幾度も大量絶滅が起こったことがわかります。4億4000万～4億5000万年前、オルドビス紀末に起きた絶滅もその1つで、今の大陸ができるはるか前に存在した古代の超大陸、ゴンドワナが氷床に覆われ、生物がすめなくなったものと見られています。

今は人間が狩り、環境汚染、生息地の破壊などによって大量絶滅を引き起こしていると、多くの科学者は考えています。特に問題なのは、熱帯雨林のような「生物多様性ホットスポット」の破壊です。そうした地域にすむ種の多くはおそらく、私たちがその存在すら知らないうちに絶滅してしまうのでしょう。

遺伝子改変（遺伝子組み換え）

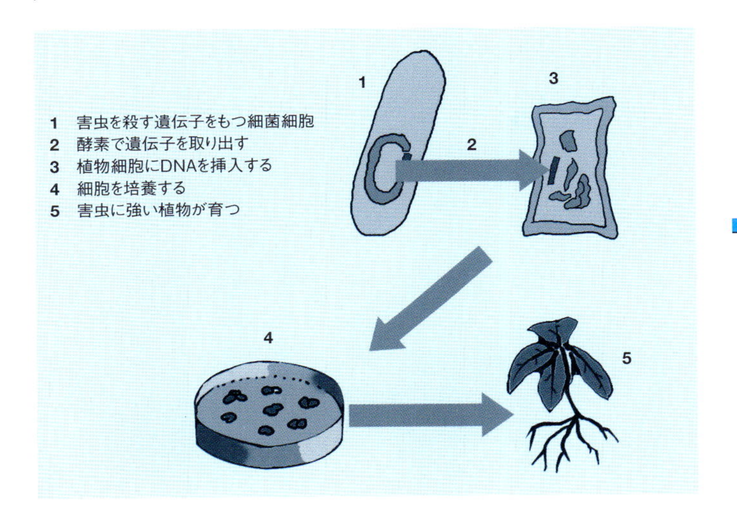

遺伝子改変とは、最新のバイオテクノロジー技術を用いて生物の遺伝子を変えることです。つまり、細胞にタンパク質の合成方法を指示するDNAに、人の手で変更を加えるわけです。この方法によって、害虫や過酷な環境への抵抗性といった望ましい性質が、多くの農作物に付与されています。

従来の品種改良では、望ましい性質をもつ植物や動物を選んで交配し、市場価値のある農産物や家畜をつくり出します。しかし、遺伝子を改変すれば、交配に頼る従来の方法では不可能だったような変化も起こせます。

たとえば、ワタの木の一部に土壌細菌の遺伝子を組み込んだ結果、害虫を殺す化学物質をワタの木自身がつくれるようになり、殺虫剤の使用を減らすことができました。また、すでにもっている遺伝子のはたらきを「沈黙」させる遺伝子改変もあります。健康によくない油を含まないようにした菜種も、その一例です。遺伝子改変動物は遺伝子のはたらきを研究する実験にはよく使われていますが、食用としての繁殖はまだ行われていません※。

※原著制作時の状況。2015年にFDAが遺伝子組み換えサケを承認し、2019年現在、アメリカやカナダで養殖・販売が可能となっている

ファーミング

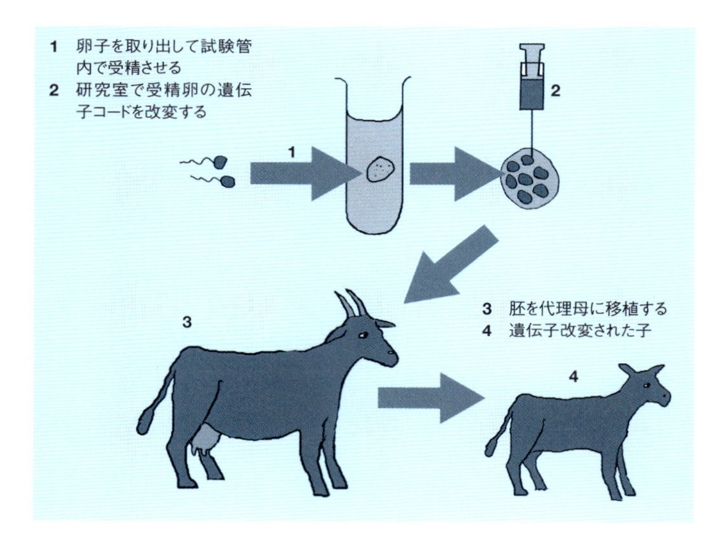

バイオテクノロジー分野におけるファーミング（pharming：pharmaceutical（薬剤）とfarming（養殖）を組み合わせた言葉）とは、動植物の遺伝子を操作し、有用な医薬品や工業用化学薬品をつくらせることを指します。たとえば、植物の遺伝子を組み換えることによって、種子の中にヒトの抗体、つまり、がん、肝炎、マラリアといった病気と闘う特殊な免疫タンパク質を、大量に含ませることもできるかもしれません。

実際に、遺伝子改変ヤギから得られるアトリンという医薬品がすでに市販されています。このヤギのミルクから精製されるタンパク質が有効成分として含まれており、危険な血栓を防いでくれるのです。医薬品製造を目的に遺伝子改変された植物も多いものの、現在はまだ試験段階にあり、植物のファーミングによる医薬品は市販されていません。推進派は重要なワクチンを安全かつ安価につくれると主張し、一方の反対派は、天然の植物との交雑によって環境や食品が汚染されることを懸念しています。

クローニング

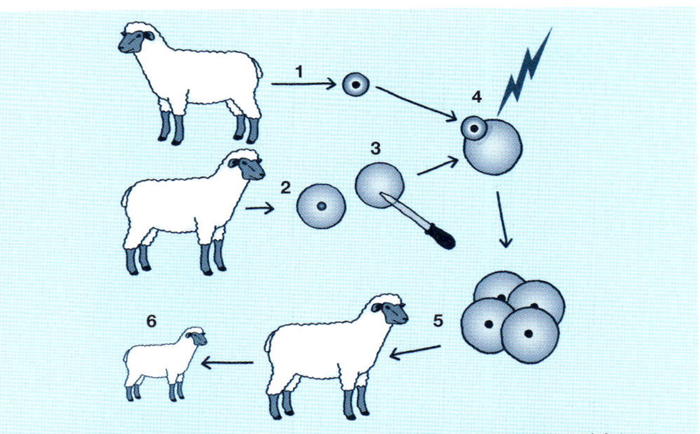

複製目的のクローニングとは、遺伝学的なコピー、つまり、まったく同じDNAをもつ個体をつくり出すことです。最初の哺乳類クローンであるヒツジのドリーは1996年、スコットランドのエジンバラ近郊にあるロスリン研究所で誕生しました。

ドリーの作成に用いられたのは体細胞核移植と呼ばれる方法です。成体のヒツジの乳腺から細胞を取り出し、その核をDNAごと、あらかじめ核を取り除いた卵細胞に移植します。細胞が正常な胚に成長したところで代理母となるヒツジに移植し、月満ちて生まれたのがドリーです。ドリーは細胞核を提供した雌ヒツジの、遺伝学的に完全な複製というわけです。

ドリー以降、ウマ、ヤギ、ウシ、ネズミ、ブタ、ネコ、ウサギなど、大小さまざまな、多くの哺乳類のクローンがつくられています。いつの日か「治療目的のクローニング」(一種の幹細胞治療)によって、移植しても拒否反応の起こらない、遺伝学的に適合する組織や器官を得られるようになることが期待されています(p.128参照)。

103

心血管系

1 酸素に乏しい血液が頭と腕から戻ってくる
2 酸素に富む血液が頭と腕へ送り出される
3 酸素に乏しい血液が肺へ送り出される

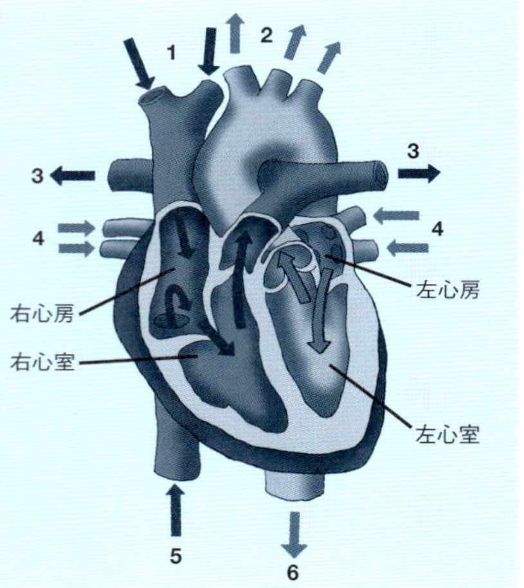

4 酸素に富む血液が肺から戻ってくる
5 酸素に乏しい血液が胴体と脚から戻ってくる
6 酸素に富む血液が胴体と脚へ送り出される

心血管系は全身に血液を循環させ、栄養分や肺から取り込んだ酸素を器官や筋肉、神経に運ぶ仕事をしています。心臓がポンプの役目をし、血管のネットワークである動脈を通じて、酸素の豊富な血液を全身に送り出します。毛細血管と呼ばれる、組織内の細い血管に達すると、血液は酸素を放出し、細胞はそれを使ってエネルギーをつくります。

細胞からは二酸化炭素のような老廃物が排出され、血液がそれを吸収して運び去ります。使用済みの「酸素に乏しい血液」は静脈を通って心臓に戻り、そこから肺に送られて新たな酸素を吸収したのち、再び循環を始めます。心臓で発生した電気信号（インパルス）が心筋をリズミカルに収縮させており、安静時の心臓は普通、毎分およそ70〜80回拍動します。

心臓は左右それぞれが、心房と呼ばれる上の部屋と、それより大きな下の部屋、心室とに分かれています。左右ともに心房は血液を受け取る部屋で、心室は血液を送り出す部屋です。血液は左右の心房から一方通行の弁を通って、その下の心室へと流れます。

呼吸器系

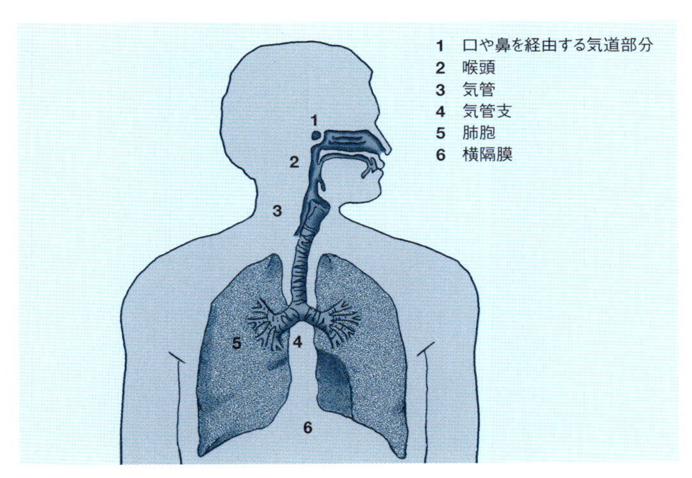

体のあらゆる器官に不可欠な酸素は、呼吸器系によって血液に供給されます。胸腔の底に張り渡されたシート状の筋肉(横隔膜)が収縮すると息が吸い込まれ、肺に空気が入ります。横隔膜が弛緩すると、息が吐き出されます。

口や鼻から入った空気は喉頭を通り、気管を抜けます。気管は胸腔の内部で、気管支と呼ばれる細い管2本に分かれ、さらに肺の中で分岐を繰り返し、肺胞と呼ばれる何億個もの非常に小さな袋につながります。空気で満たされた肺胞を囲むように毛細血管があり、肺胞内の酸素は毛細血管の壁を通って血液に溶け込みます。一方、血液からは肺胞に二酸化炭素が渡され、それは息を吐くときに同じ気道を逆にたどって排出されます。

吸い込まれる空気は大半が窒素(約78%)で、約21%が酸素です。吐き出される空気は約78%が窒素、16%が酸素、4%が二酸化炭素です。つまり総合的に見て、酸素が体内に吸収され、老廃物の二酸化炭素が放出されたことになるわけです。

105

消化器系

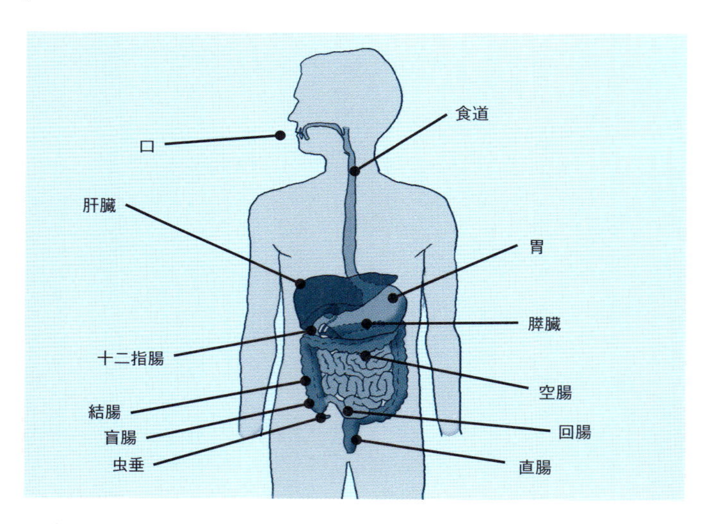

消化器系は連続した一連の器官からなり、食物を消化して、体が吸収できる栄養分の形にします。のみ込まれた食物はまず食道を下ります。食道からは粘液が分泌され、食物を通りやすくします。食物は次にJ字形の袋である胃に入ります。

胃の内壁にある腺からは酸と消化酵素に富む胃液が分泌され、一部の有害な細菌を殺すとともに食物の分解を始めます。この一次消化の後、食物は小腸へと移動します。十二指腸で酸が中和されて、さらに消化が進みます。消化は全長が4～6メートルにもなるコイル状の空腸や回腸でも続き、消化されたものが大腸に達して盲腸を通過する頃には、栄養となる成分はほぼすべて吸収されています。大腸の一部である結腸で水分が吸収された後、残りが肛門から排泄されます。

肝臓には大事な役目がたくさんあり、血流中のアルコールのような有害物質を解毒したり、脂肪を消化する胆汁をつくったりします。胆汁は胆嚢に貯蔵されます。膵臓は消化を助ける酵素のほかにホルモンも分泌します。

筋骨格系

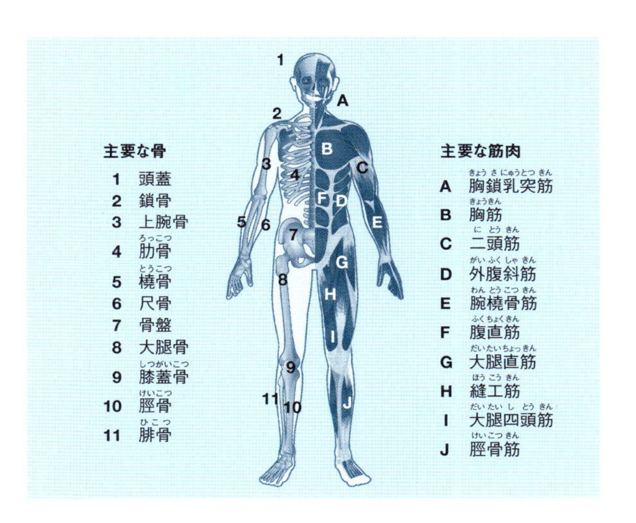

筋骨格系は骨格のあらゆる骨と、骨格を支えて体を動かすのに使われる筋肉や腱、その他の結合組織からなります。

人体には200以上の骨があり、それがかたい枠組みを構成して、そこに付着するやわらかい組織や器官を保護しています。たとえば、頭蓋骨は脳を損傷から守り、胸骨と胸郭は心臓や肺を守っています。骨と骨は、靭帯と呼ばれる線維組織の帯によってつながっています。大腿骨など一部の骨には骨髄があり、そこに含まれる幹細胞が血液細胞に変換されて、体に必要な血液を供給します。

骨格筋は「随意筋」であり、収縮したり弛緩したりして骨や関節を動かす筋線維の束です。たいていは腱と呼ばれるコラーゲン線維によって骨に付着していて、脳からの意識的な指示に応えて動きます。平滑筋は「不随意筋」であり、胃や腸といった器官の壁の中にあります。意識してコントロールしなくても動くこの筋のはたらきにより、消化管の中を食物が移動していきます。

泌尿器系

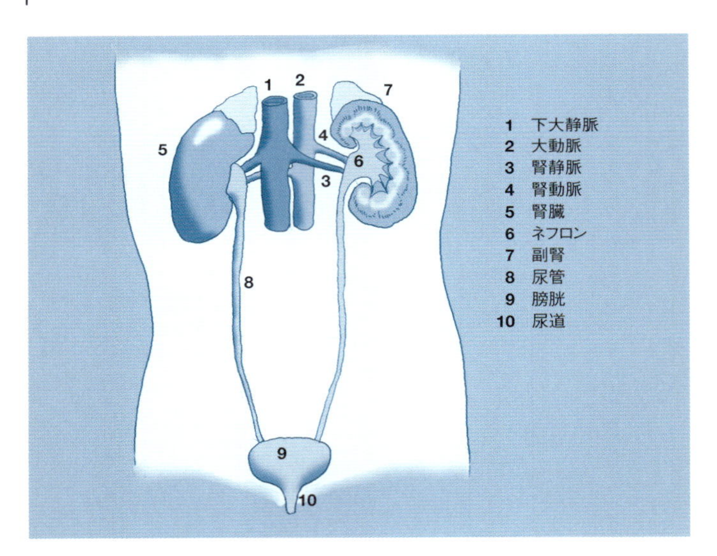

泌尿器系は、たとえばタンパク質が分解されたときにできる尿素（化学式は$(NH_2)_2CO$）など、食物の消化で生じた老廃物を血液から取り除くはたらきをします。泌尿器系の中心となる腎臓は、血圧の調節や塩分濃度の安定化も行っており、さらに、骨髄内での赤血球生成を制御するホルモン、エリスロポエチンの生成も担っています。

腎臓は、肋骨のすぐ下から背中の中央にかけて位置する、一対の紫褐色の器官です。腎臓では、ネフロンと呼ばれる微細な濾過ユニットのはたらきで、血液から尿素が取り除かれます。ネフロンは、ボール状になった細い毛細血管に、尿細管と呼ばれる細い管が付着した構造になっています。

ネフロンで尿素、水、その他の老廃物からつくられた尿は、尿管を通って膀胱（ぼうこう）に流れ込み、膀胱にためられたあと、尿道を通じて排泄されます。正常な尿は無菌です。体液や塩類、老廃物が含まれますが、細菌やウイルスはいないのです。

生殖器系

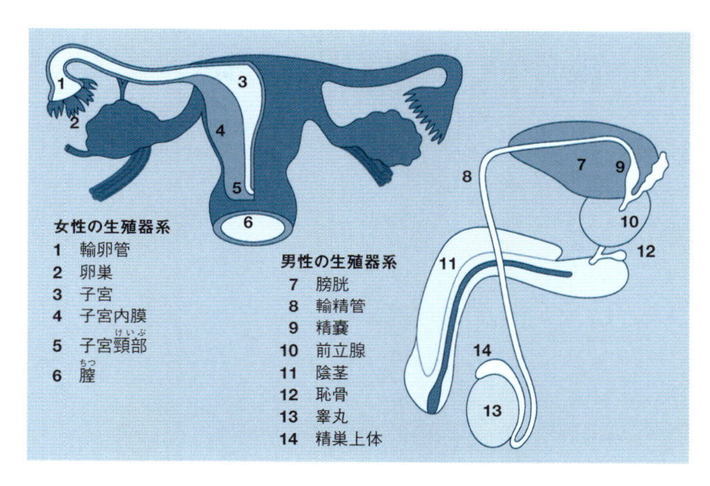

ヒトの生殖器系は、男女が子供をつくるための器官です。ヒトの精細胞と卵細胞はそれぞれ精子、卵子と呼ばれます。男性の精子によって女性の卵子が受精（p.86参照）すると、発育して胚になり、約40週の妊娠期間を経て満期産児となります。

精子は男性の陰嚢中にある睾丸でつくられ、精巣上体と呼ばれるコイル状の細管内で成熟します。射精の際には膀胱を取りまく輸精管を移動したのち、前立腺および精嚢からの体液とともに陰茎から排出されます。精液には、精子が「泳いで」女性の体内をさかのぼり、卵子を受精させるための養分が含まれています。

女性の卵巣内には通常、生まれたときから200万個ほどの未成熟の卵子が備わっています。卵巣内の卵子は1つずつ卵胞に入っており、栄養を供給して保護する細胞に包まれています。思春期を過ぎると、ホルモンの作用で毎月1個ずつ卵子が成熟し、卵管へと移動していきます。このときに性交があると卵管内で受精が起こり、受精卵はその後、子宮内に着床します。子宮の厚い筋肉壁は、胎児が成長するにつれ広がります。

内分泌系

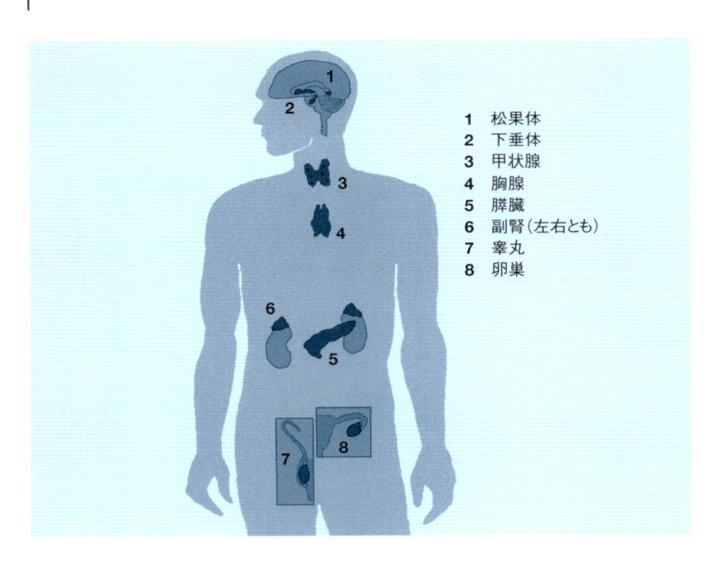

内分泌系はホルモンを分泌する腺の集まりです。ホルモンは血液中を流れて化学的な伝達因子としてはたらき、適切な受容体（p.76参照）をもつ細胞に化学変化を起こさせます。

脳の基底部にある下垂体から分泌されるホルモンは、成長、体温、血圧、男性および女性の生殖器、妊娠および出産の一部など、多岐にわたる調節を担っています。やはり脳にある松果体（しょうかたい）は、睡眠パターンを調節するホルモンであるメラトニンをつくります。

甲状腺は、体がエネルギーを使ったりタンパク質をつくったりする速度を速める方向にはたらきます。2つある副腎はストレスホルモンのコルチゾールを放出し、血糖値を上昇させます。膵臓は炭水化物と脂肪の代謝を調節するインスリンを分泌して、血糖値を下げます。内分泌系はまた、神経細胞のネットワークを通じて全身に指示を伝える神経系（p.117参照）と連携してはたらいています。

免疫系

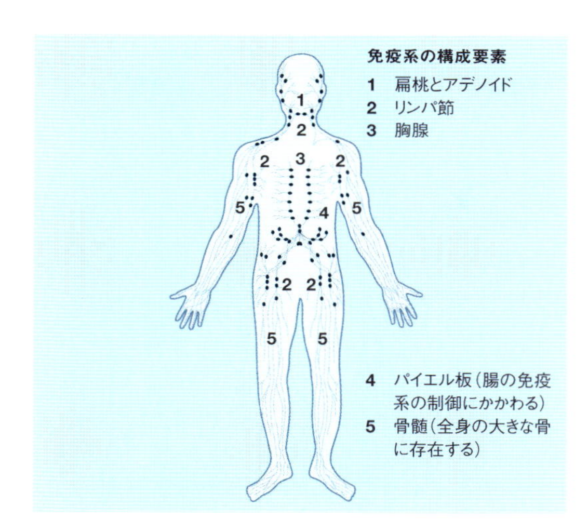

免疫系は器官、組織、細胞のネットワークであり、細菌やウイルス、寄生生物、真菌など、病気の原因になりうる「異物」の攻撃から体を守ります。そうした病原体を突き止め、破壊の標的とする驚くべき能力があるのです。

免疫系の器官としては、扁桃（へんとう）、脾臓（ひぞう）、細いリンパ管に沿って並ぶ小さな豆のようなリンパ節などがあります。これらの器官にはすべてリンパ球という、免疫系の中心的な役割を担う小型の白血球が存在します。免疫細胞はそれぞれ専門の機能をもっていることが多く、たとえば、細菌をのみ込んで消化するもの、寄生生物を殺すものなどがあります。「キラーT細胞」は胸腺（きょうせん）で成熟し、腫瘍やウイルスに感染した細胞を攻撃します。T細胞のなかには過去の敵を「記憶」していて、次に遭遇したときには、ただちに猛攻撃を開始できるものもあります。

残念なことに免疫系は時に暴走して味方を攻撃し、健康な組織を破壊して病気を引き起こすことがあります。かといって免疫系が抑制されると、肺炎のような病気にかかりやすくなるといった別の問題が起こります。

外皮系

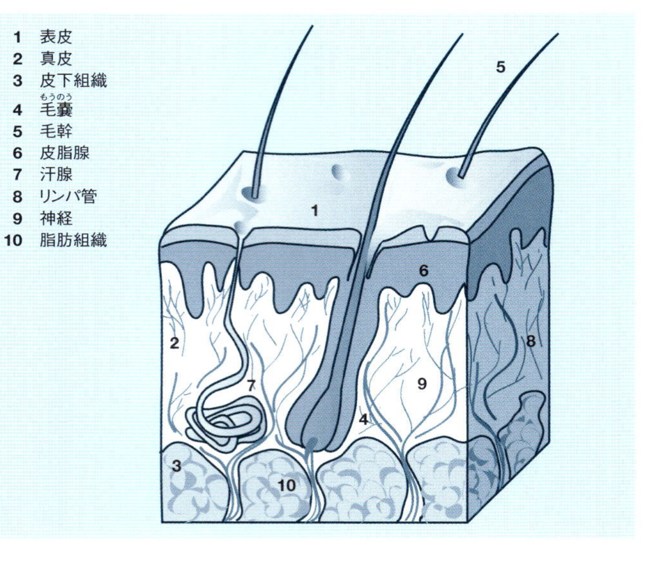

外皮系には、人体で最大の器官である皮膚だけでなく、その延長である毛髪や爪も含まれます。皮膚は人体内部の傷つきやすい器官を保護し、物理的な障壁となって、体温調節、異物の侵入防止、水分保持を行います。

皮膚の大部分は厚さがおよそ2～3ミリメートルで、成人の体重の約20%を占めます。もっとも外側の層は表皮と呼ばれ、その表面には死んだ細胞があって、皮膚に防水性を与えています。一方、表皮の最下層では絶えず細胞分裂が起こって新しい細胞がつくられており、それが次第に上昇して外側の層と置き換わります。

表皮の下にある真皮には、血管のほかに神経や汗腺も分布しています。汗腺は水分と老廃物を血流から集めて、表皮にある孔（あな）から排泄します。真皮の下には脂肪に富む皮下組織があり、皮膚とその下の骨や筋肉を結びつけています。

神経系

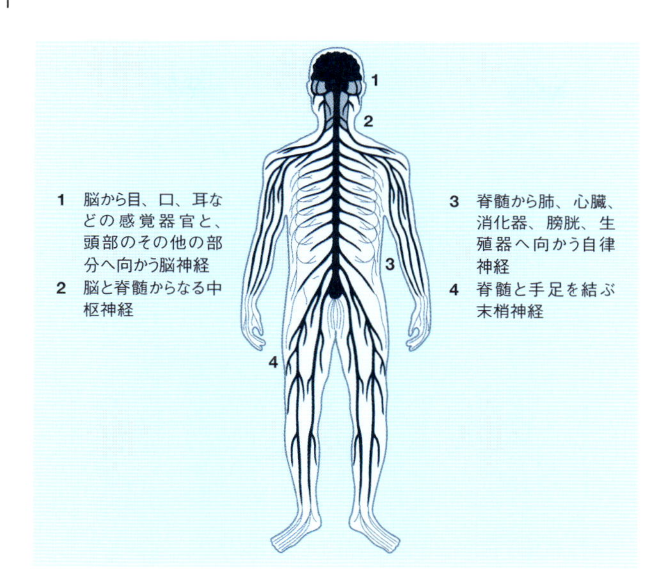

神経系は、脳が指示を送り出し、フィードバックを受け取るための情報ハイウェイです。無数の神経細胞(ニューロン)がつながってできた神経が、情報を電気インパルスの形で全身に伝えます。神経は結合組織に包まれており、被覆電線の束のように見えます。

中枢神経系は脳と脊髄からなります。成人の脳には約1000億個のニューロンと、養分供給などの支援を行う数兆個の「グリア」細胞があります。脊髄は神経組織の長い管状の束で、脊柱内を通っています。

中枢神経系から伸びる末梢(まっしょう)神経系は、脳から出ておもに頭部と頸部に分布する12対の脳神経と、脊髄から枝分かれして体のその他の部分に至る31対の脊髄神経からなります。「自律神経系」は末梢神経系の一部で、心拍数から瞳孔の大きさまで、体のさまざまな機能を制御しますが、大部分は無意識のうちに行われます。

心血管疾患

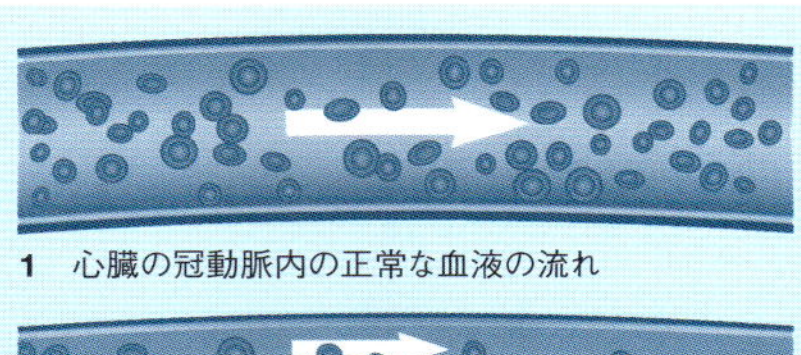

1　心臓の冠動脈内の正常な血液の流れ

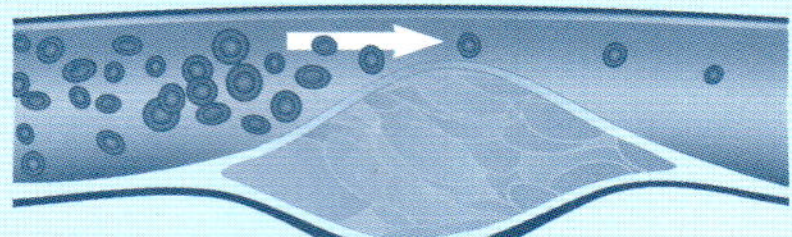

2　動脈内にプラークが形成される

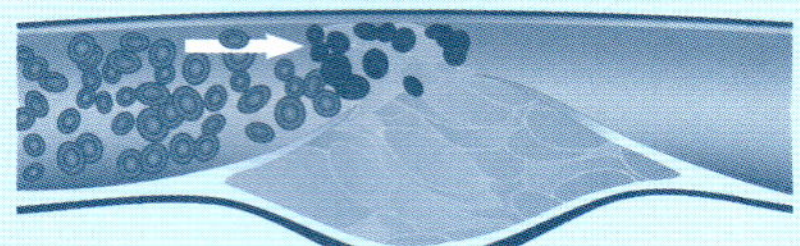

3　プラークによって血栓ができ、血流が遮断される

心血管疾患と呼ばれるのは、心臓発作や脳卒中など、心臓や血管（p.108参照）を侵す病気で、先進国における死亡原因の第1位を占めています。

心臓発作は、血が固まってできた血栓が心筋の動脈を突然ふさいだときに起こります。心臓への血液供給がほぼ、あるいは完全に遮断されることで、酸素に富む血液が十分に届かなくなり、心臓の細胞が死に始めるのです。血流を回復させる処置を速やかに行わなければ、多くの場合は命にかかわります。

脳卒中は、脳の一部への血液供給が断たれて脳細胞が死に始める病気で、脳の損傷が進行するばかりか、死に至る場合もあります。脳卒中の多くは、血栓によって血流が遮断される「虚血性脳卒中」、つまり脳梗塞です。「出血性脳卒中」では脳のもろくなった血管が破れて出血し、損傷が起こります。

心血管疾患を予防する最善の方法は、脂肪質のプラークが動脈内にできないように、脂肪性食品の食べ過ぎを避けることです。高血圧、高コレステロール、喫煙、運動不足も、心血管疾患のリスクを高めます。

感染症

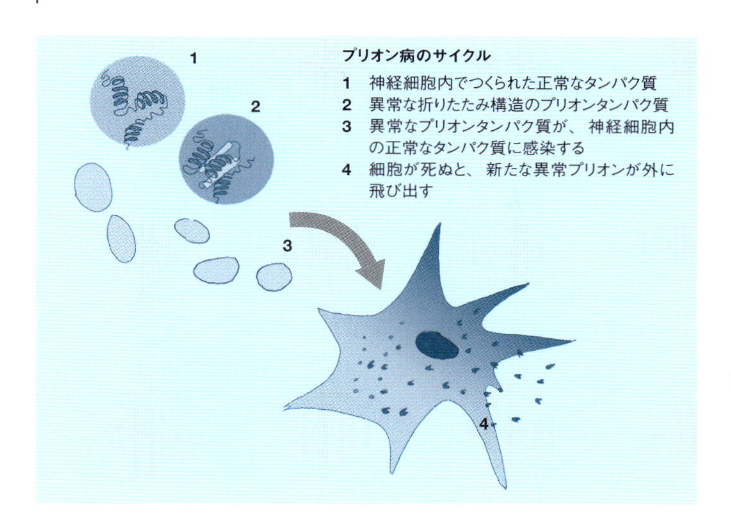

細菌やウイルス（p.91とp.93参照）のような病原体が体に侵入して、さまざまな症状を引き起こした状態を感染症といいます。感染症はおもな死亡原因の1つで、特に発展途上国では深刻な問題となっています。

細菌のなかには腸での消化を助けてくれるような有益なものもいますが、有害な細菌は、健康な細胞の表面にべったりと張りついて有毒な化学物質をつくるなど、さまざまなやり方で病気を引き起こします。真菌は水虫などの病気の原因となります。寄生虫には、マラリアを引き起こすマラリア原虫のように単細胞のものもいれば、多細胞のものもいます。腸管寄生虫であるサナダムシは、腸内で数メートルにも成長することがあります。

まれな感染症として、誤った形に折りたたまれたタンパク質「プリオン」によって起こるプリオン病があります。プリオンタンパク質が、ほかのタンパク質もそうした欠陥のある状態にして、脳を破壊するのです。その1つであるウシ海綿状脳症（BSE、いわゆる狂牛病）は食物連鎖で人間にうつることがあり、クロイツフェルト・ヤコブ病（CJD）を発症します。

がん

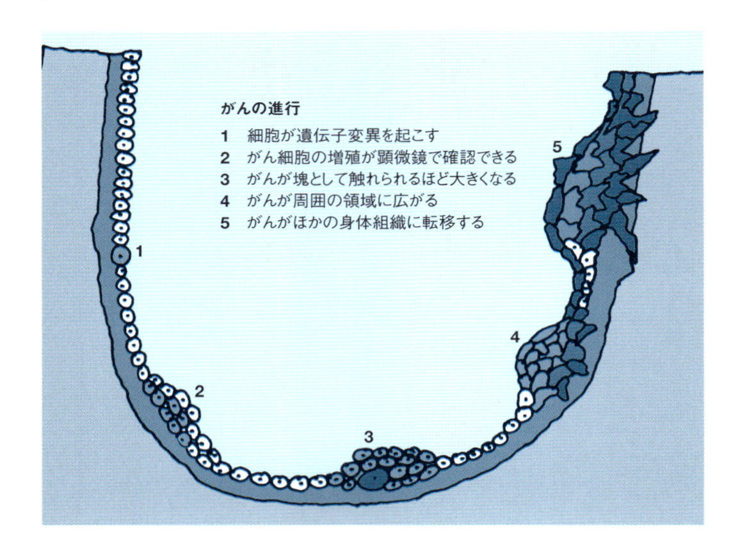

がんは、体の細胞が無秩序に分裂して、腫瘍と呼ばれる塊をつくる病気です。がんには200以上のタイプがあり、先進国では心血管疾患(p.118参照)に次いで死亡原因の第2位となっています。

腫瘍には、害のない「良性」のものもあります。がんと呼ばれるのは、体のほかの部分に広がる力のある「悪性」腫瘍の場合であり、周囲の組織に侵入するか、血管やリンパ系(p.115参照)を介するという方法で、ほかの器官に広がります。がん細胞が別の場所に到達して分裂を続け、新たな腫瘍をつくることを「転移」と呼びます。

治療法としては、悪性腫瘍を手術で取り除く方法や、放射線で破壊する放射線治療があります。化学療法では急速に分裂する細胞を狙う薬剤を用いますが、毛嚢など、分裂速度の速い正常細胞も傷つけてしまうため、つらい副作用が起こります。体の免疫系が本来つくっている化学物質を利用して腫瘍を縮小させる方法が使える場合は、副作用が少なくて済みます。

薬

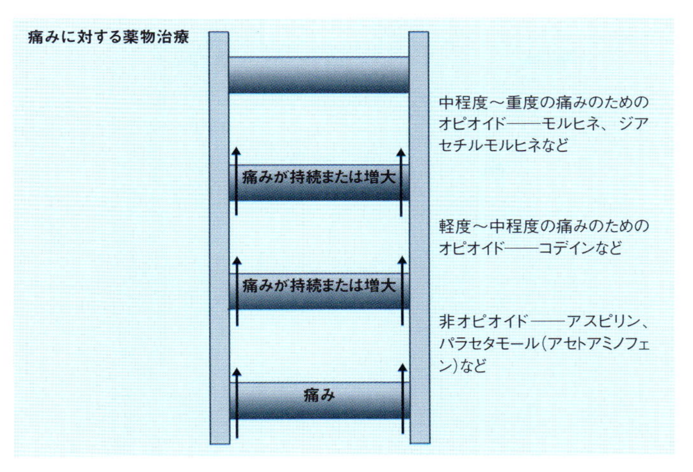

通常の身体機能に変化を及ぼす化学物質をまとめて薬といいますが、普通は病気の治療や予防、身体または精神の健康増進を目的につくられたものを指します。

体の細胞に害を与えずに細菌を殺す抗生物質や、ウイルスの複製機構を阻害する抗ウイルス薬など、おびただしい種類の薬があります。世界でもっとも売れている薬である「リピトール」は、コレステロール値を下げる薬です。喘息（ぜんそく）や心血管疾患の治療薬もよく売れています。

「鎮痛剤」は痛み止めとも呼ばれ、痛みを和らげる薬です。体が損傷すると、痛覚を引き起こす信号が神経末端から脳に送られます。鎮痛剤は損傷部位から脳までのどこかで、その信号に干渉します。痛み止めの多くは天然の化学物質に由来し、たとえばアスピリンはヤナギの樹皮の成分をヒントに合成され、モルヒネ様（よう）作用のある鎮痛剤はケシからつくられます。

気分が高揚したり知覚が鋭敏になった気がしたりするからと、オピオイド（麻薬系鎮痛剤）や幻覚剤を使う人がいますが、そうした快楽麻薬の多くは非常に習慣性が強く、注意が必要です。

体外受精（IVF）

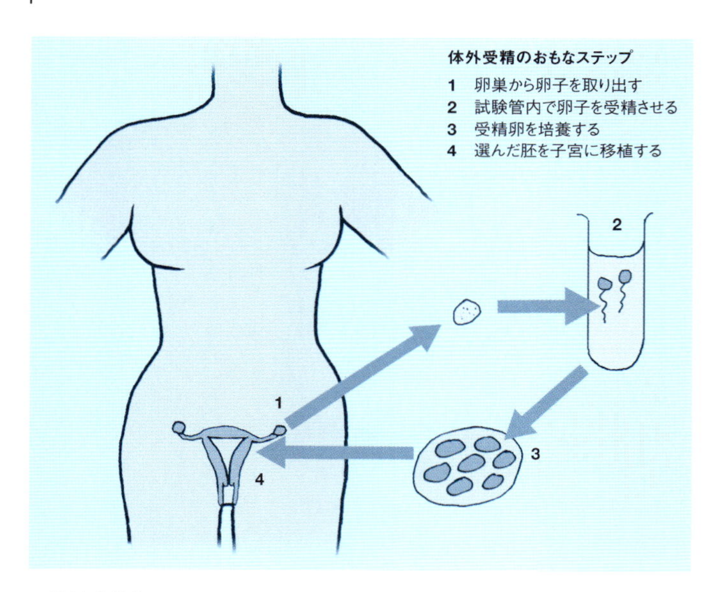

体外受精（IVF：In Vitro Fertilization）は不妊に悩む女性の妊娠を可能にする技術の1つです。輸卵管（p.113参照）が損傷していたり、パートナー男性の精子数が少なかったりする場合に、医師から勧められることがあります。

一般的に体外受精の際には、卵巣内での成熟卵子数を増やすための薬が女性に投与されます。その後、超音波スキャナーでモニターしながら卵巣に針を刺して卵子を取り出し、取り出した卵子を精子と混合して培養します。

うまく胚が育てば、おおむね1～3個を女性の子宮に移植します。移植する数が多いほど妊娠の成功率が上がるのですが、多くの国では、未熟児の出産につながりやすい多胎妊娠のリスクを避けるため、移植する胚の数を制限するガイドラインや法令を設けています。

1回の試みで妊娠する女性はわずか4分の1から3分の1といったところですが、女性の年齢が成功率を大きく左右します。

人工透析

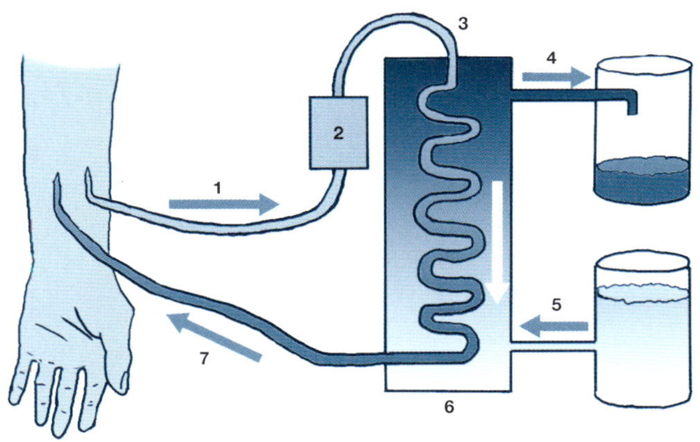

1 血液を動脈から抜き出す
2 ポンプ
3 半透膜
4 使用済みの透析液
5 新しい透析液
6 透析ユニット
7 浄化された血液を静脈に戻す

人工透析は、腎臓のはたらきが著しく低下した人のための治療法です。腎臓の機能低下の原因として多いのは、糖尿病や高血圧のコントロール不良による影響、そして炎症です。透析は腎臓の主要な機能を肩代わりするもので、血液を濾過して老廃物や塩類、過剰な水分を取り除きます。「血液透析」を行うには、動脈から抜き出した血液をポンプで透析ユニットに送ります。ユニット内部では、血液中の老廃物が透析膜の孔を通って、透析液と呼ばれる液体の中に出ていきます。この孔は血液細胞が通過できないほど小さくしてあり、漉されてきれいになった血液が静脈に戻されます。血液透析は週に3回、毎回3～4時間かけて行うのが普通です。「腹膜透析」と呼ばれる療法の場合は、腹腔（ふくこう）の内膜を透析膜として用い、血液を体内で浄化します。留置したチューブから腹部に透析液が流し込まれ、腹腔内の動脈や静脈から老廃物と過剰な水分が取り出されます。

119

外科手術

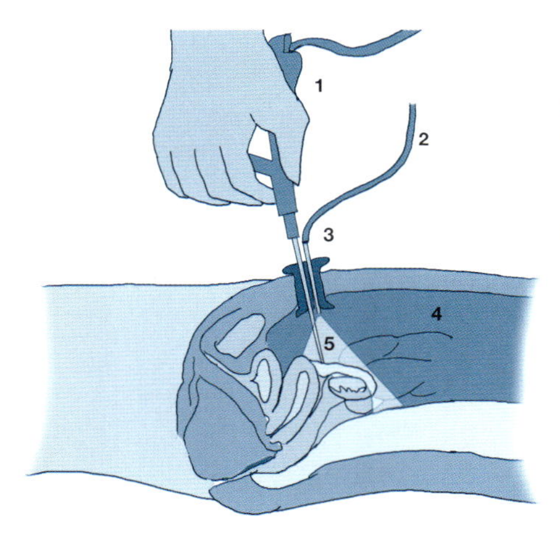

1　手術器具
2　腹腔鏡
3　複数の手術器具を同時挿入できるマルチポート
4　腹腔
5　照明範囲

外科手術とは、体の組織を手作業で切除したり修復したりする医療処置のことをいい、通常は病気を治療する目的で行われます。こうした処置は少なくとも7000年前にはすでに行われていたようで、石器時代の人々がフリント(火打ち石)のメスで頭蓋骨を切開しています。頭のけがを治そうとしたのかもしれませんし、健康によいと考える何かほかの理由があったのかもしれません。

現代の手術は入念に滅菌消毒された手術器具を備えた手術室で行い、患者には手術部位の感覚を麻痺させる局所麻酔薬か、意識のない状態にする全身麻酔薬が投与されます。よく行われる手術としては、腹部を切開して赤ちゃんを取り出す帝王切開や、腹壁ヘルニア(腸の一部が腹壁の孔や弱い部分からはみ出たケースが多い)の修復などがあります。

「鍵穴」手術とも呼ばれる腹腔鏡手術では、腹部に小さな切開口をつくり、長い手術器具の先に取りつけた小型カメラの画像を見ながら手術を行います。胆嚢の切除によく使われますが、切開口が小さいので手術後の痛みが少ないうえに傷跡も小さく、感染のリスクも低くなります。

輸血

血液型

	A型	B型	AB型	O型
赤血球表面の抗原の型	A	B	AB	O
血漿中の抗体	抗B	抗A	なし	抗Aおよび抗B
適合するドナー	AまたはO	BまたはO	すべて	O

輸血とは、ある人(ドナー)から採取した血液を別の人に注入することです。けがや手術、出産などで血液を失ったときや、赤血球を十分につくれない病気の場合、輸血が必要になることがあります。

一般的にはドナーの静脈にカテーテルを入れ、プラスチックの袋に血液を流出させますが、このときに抗凝血剤を混合します。得られた血液は検査によって血液型を確かめます。ドナーと患者の血液型が適合していないと、患者の免疫系に拒絶されてしまうからです。血液型はA、B、AB、Oの4つの遺伝子型に分かれます。地域によって多少の違いはありますが、世界の人口の約40%が誰にでも輸血できるO型、つまり「万能供血者」です。逆にAB型の人は「万能受血者」で、どの型からも輸血を受けることができます。

さらに、輸血用血液の安全性を確保するために、HIV(ヒト免疫不全ウイルス)など感染性病原体の有無を調べるスクリーニング検査も実施します。その後、血液のおもな成分である赤血球、血漿(けっしょう)、血小板の3つに分離しておけば、患者それぞれの必要に応じて有効に使うことができます。

レーザー治療

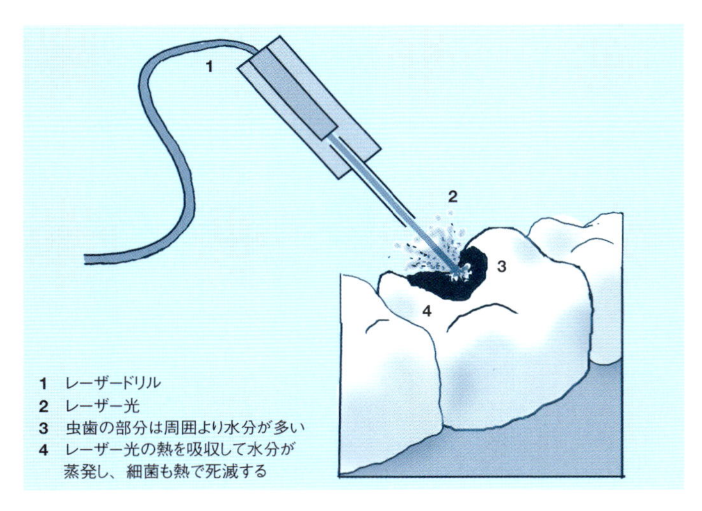

レーザー手術では外科用メスの代わりにレーザーを用いて、組織を切ったり除去したりします。最初の切開にだけレーザーを使い、後は従来のやり方で手術をすることもあれば、水分の多い不健康な組織をレーザーで蒸散させることもあります。美容外科で使われることもあり、より柔軟でシワや傷跡のない新しい肌がつくられるよう、顔などの皮膚の表面をレーザーで破壊します。

目のレーザー手術もよく行われています。角膜の一部を蒸散させて形を変えると、近視や遠視の矯正が可能なのです。男性の肥大した前立腺を縮小させたいときは緑色レーザーがよく使われますが、これは緑色の光が赤い前立腺組織によく吸収されるからです。

歯科でも、歯科用ドリルに代わってレーザーを使うことが増えており、ほぼ無痛で虫歯部分を除去できるだけでなく、歯のホワイトニングもスピードアップできます。レーザー手術の大きな利点は、手術器具と患部との接触がないため、感染のリスクを抑えられることです。

遺伝子治療

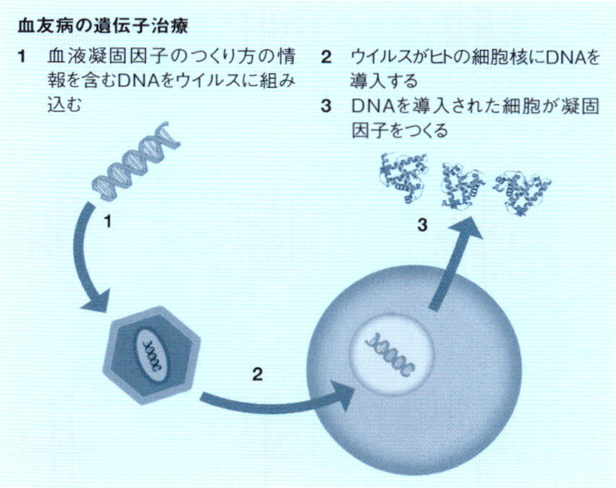

血友病の遺伝子治療

1　血液凝固因子のつくり方の情報を含むDNAをウイルスに組み込む

2　ウイルスがヒトの細胞核にDNAを導入する

3　DNAを導入された細胞が凝固因子をつくる

1

3

2

遺伝子の欠陥で正常なタンパク質がつくれないために起こる病気を治す方法として考えられたのが、遺伝子治療という技術です。ただし、この治療法は今のところ、まだ初期の実験段階です。

遺伝子治療では通常、ウイルスの遺伝子を改変して、ヒトの正常なDNAの断片を運ばせます。一部のウイルスは自己複製の手段として、自分自身のDNAをヒトのゲノムに組み込みますが、これを逆手に取って、ヒトの正常な遺伝子を組み込んでもらうのです。遺伝子改変されたウイルスは肺や肝臓などの細胞に取りつき、治療のためのヒト遺伝子を細胞の中に入れてくれます。すると、その遺伝子が欠陥のある遺伝子に代わり、細胞を健康な状態に戻すのに必要なタンパク質をつくり始めます。

この技術によって、血友病をはじめ、さまざまな遺伝子疾患の恒久的な治癒が可能になるだろうと期待されています。血友病というのは男性だけに見られる病気で、血液を固める正常な凝固因子がないため、ささいなけがでも命にかかわる出血を起こすおそれがあります。とはいえ、安全性と恒久的効果がヒトで証明された遺伝子治療は、まだありません。

幹細胞治療

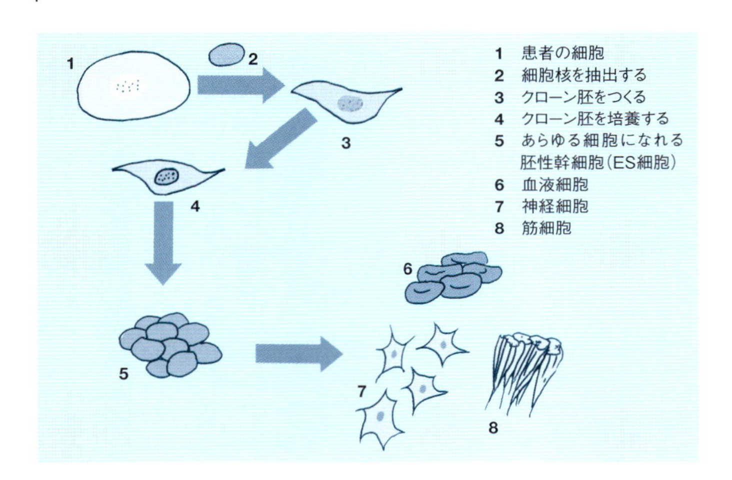

幹細胞治療はいつの日か、多発性硬化症、麻痺、アルツハイマー病など、これまで不治とされてきた多様な病気に対する、夢の治療法となるかもしれません。胚や骨髄をはじめとする成人組織に見つかる幹細胞には、多種多様なタイプの細胞に分化するユニークな能力があります。その細胞を使って、損傷を受けた組織を再生し、修復できる可能性があるのです。

骨髄移植というのも、いってみれば白血病の幹細胞治療です。成人の幹細胞からつくることができる細胞のタイプは限られていますが、胚の幹細胞（ES細胞）からであれば、肝臓の細胞、ニューロン、皮膚細胞など、どのような細胞でもつくれます。しかし、ヒトの胚から採取した細胞を使う治療には倫理的な問題があります。

治療の必要な患者から成人幹細胞を取り出し、それをプログラミングして胚性幹細胞に似た状態に戻した人工多能性幹細胞（iPS細胞）なら、そのような問題とは無縁です。その患者が必要とするどのような細胞にもなることができ、しかも、免疫系に拒絶されるリスクもありません。iPS細胞を用いたさまざまな再生医療で、すでに臨床試験が行われています。

地球の歴史

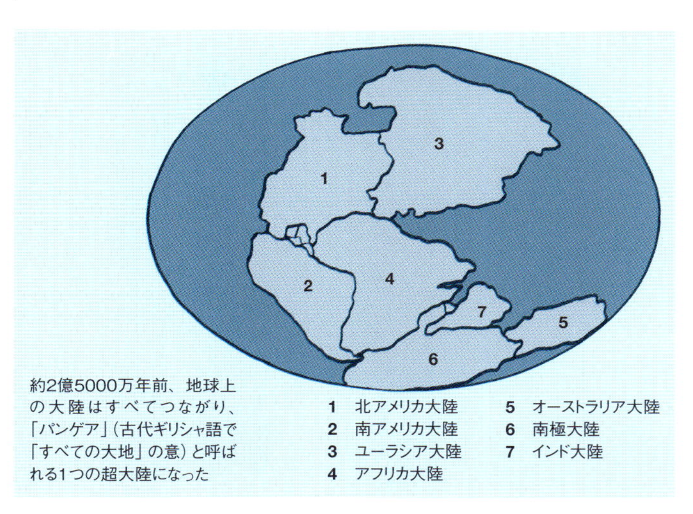

約2億5000万年前、地球上の大陸はすべてつながり、「パンゲア」(古代ギリシャ語で「すべての大地」の意)と呼ばれる1つの超大陸になった

約45億6000万年前、太陽の周りを円盤状に渦巻くガスや塵の中で、物質が次第に凝集して地球が誕生しました。若い地球は非常に高温だったため、内部の重金属が溶けて中心部に沈み込み、中心核とマントルに分かれました。約45億3000万年前には火星ほどの大きさの天体が地球に衝突し、月ができたと考えられています(p.161参照)。

地球の歴史は4つの累代(るいだい)に分けられており、最初の累代は38億年前まで続く冥王代(めいおうだい)です。冥王代の末には、大量の隕石が地球に衝突した「後期重爆撃期」がありました。水を含んだ彗星も地表にぶつかり、その結果、地球に水がもたらされて海ができたとされています。

後期重爆撃期の直後に地球上に生命が現れ、約30億年前には、原始的な植物の光合成によって大気中に酸素が増え始めます。5億4200万年前から現在まで続く顕生代(けんせいだい)では、すべての大陸がゆっくりと1つにまとまって超大陸パンゲアを形成し、その後、分裂して今日見られるような大陸ができました。

地球の構造

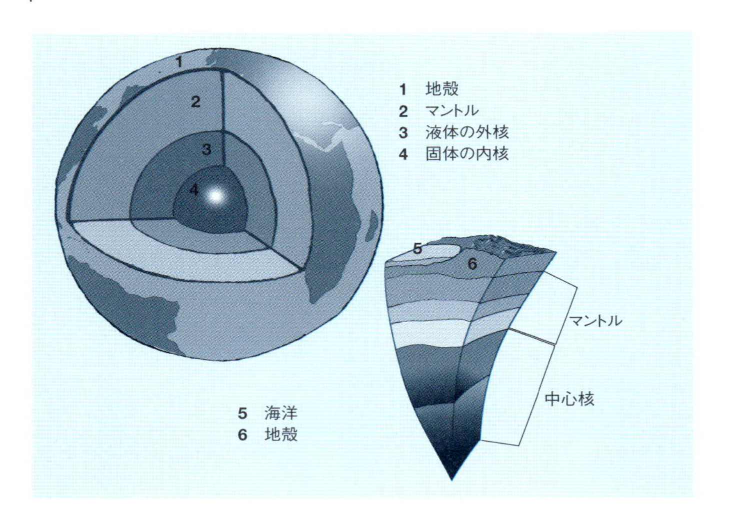

地球の最外層にある地殻は大陸と海底からできています。大陸地殻は厚さが35〜70キロメートルほどありますが、海洋地殻は薄く、通常約5〜10キロメートルしかありません。地殻の主成分は、ケイ酸塩岩である花こう岩や玄武岩です。

その下にあるマントルという層はどろりとした高温のケイ酸塩からなり、厚さが約2900キロメートルあります。マントル内で起きている大きな対流が熱を循環させ、プレートテクトニクスを引き起こします(p.134参照)。地球の中心核は外核と内核からなり、外核が鉄を多く含む液体であるのに対し、内核は鉄を主成分としてニッケルが混じった固体だと推測されています。

地球内部の温度は、1キロメートル深くなるごとに25〜30℃上昇すると考えられています。その熱の一部は地球形成時からの名残ですが、大半は不安定元素の放射性崩壊によって発生するものです。地球深部の構造は、地震波の伝わり方を調べることによって推定します。

地磁気

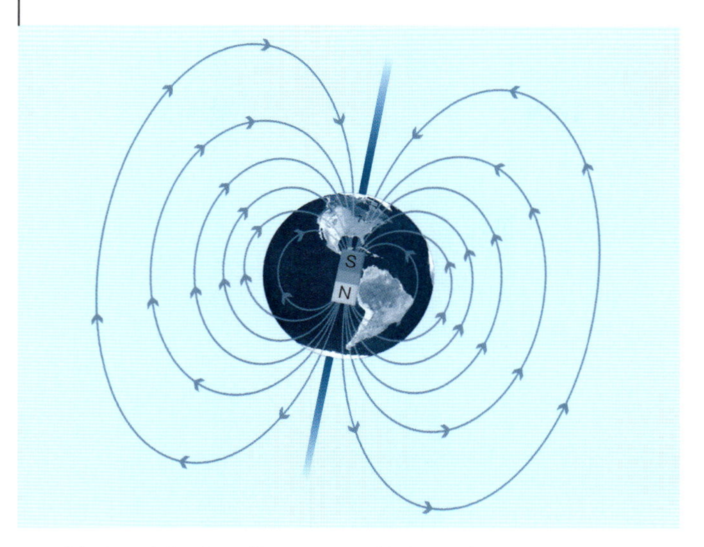

地磁気とは地球がもつ磁場のことで、棒磁石の磁場と似ています。地磁気の北極と南極は地理上の北極と南極の近くにありますが、地磁気極は毎年最大で約40キロメートルも移動しています。地磁気極の近くで見られるオーロラは、大気中の分子が太陽が発した粒子からエネルギーをもらい、神秘的な輝きを放つ現象です。

ダイナモ理論によると、地球は自らフィードバックしながら磁場を維持していると考えられています。まず、磁場の影響で金属を含む液体の外核(p.130参照)に電流が生じ、その電流が対流と地球の自転によって、北から南にらせんを描きながら流れます。すると、この電流の影響で新たな磁場が生じ、もとの磁場が強まります。こうして自続式の発電機(ダイナモ)となるわけです。

古代の溶岩流に残された磁場を調べた結果、地球の磁場は数十万年ごとに逆転し、地磁気の北極が南極に(また南極が北極に)移動していることがわかりました。しかし、その原因については意見が分かれています。

地球の形

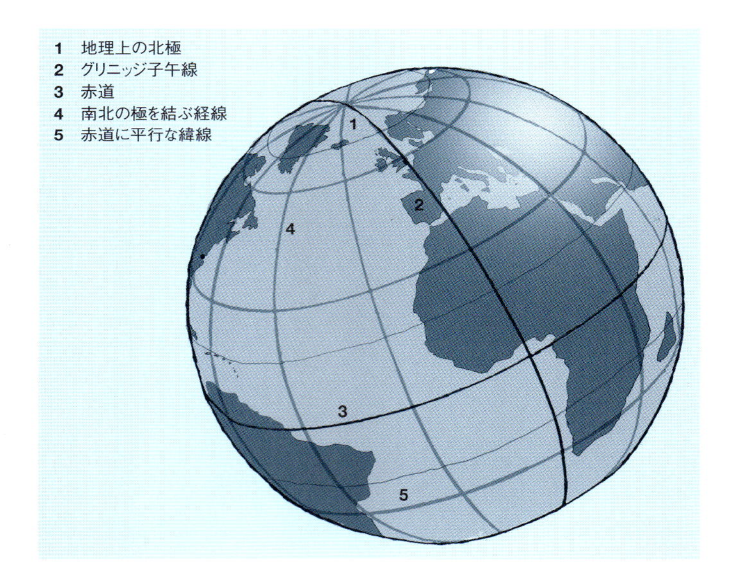

地球は自転しているため、赤道を中心にわずかに膨らみ、ひしゃげた球形をしています。直径は平均すると1万2742キロメートルですが、極方向の直径は赤道方向の直径よりも約0.3%小さくなっています。

地表上の座標は経線と緯線を使って表します。経線は南北に伸びる線で、円を描く緯線は極に近いほど小さくなります。慣例により、ロンドンのグリニッジを通過する本初子午線を経度0度、赤道を緯度0度としています。地表上の位置はすべて南北の緯度と東西の経度で表すことができ、たとえばニューヨークは北緯41度、西経73度になります。

測量士や技師は、平均海面を地球の仮想の表面とする「ジオイド」という概念をよく使います。すべての場所が水平で重力も垂直にはたらくことになるので、計算に便利なのです。たとえば、水道管がジオイドにぴったり沿って敷かれていれば、水は流れないことになります。

季節

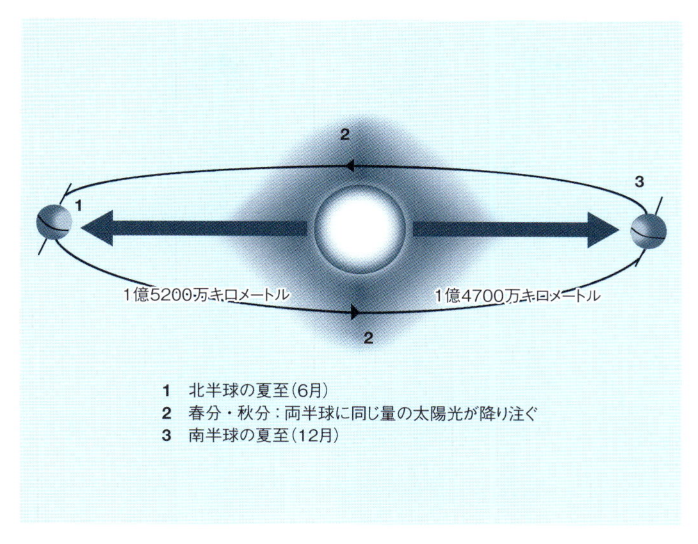

地球の軌道はほぼ円形です。ただし、1年の間にわずか3%ほどですが、太陽からの距離が変わります。そのため、地球が受け取る太陽エネルギーの量も6%ほど上下しています。しかし、これが原因で季節が生じるのではありません。夏が暑く冬が寒いのは、地球の自転軸が23.5度傾いているからです。

自転軸が傾いているために、北半球の夏には南半球よりも北半球に多くの太陽光が降り注ぎ、その量は6月20日もしくは21日の夏至に最大を迎えます。一方、12月には南半球に降り注ぐ太陽光のほうが多くなり、12月21日もしくは22日の冬至で最大になります。両半球の太陽光の量が等しくなるのが、春分（3月20日か21日）と秋分（9月22日か23日）です。

また、地球の自転軸が大きく傾いていることにより、北緯66度以上の北極圏と南緯66度以上の南極圏には、それぞれ夏に太陽が沈まない時期（白夜）と、冬に太陽がのぼらない時期（極夜）がもたらされます。

プレートテクトニクス

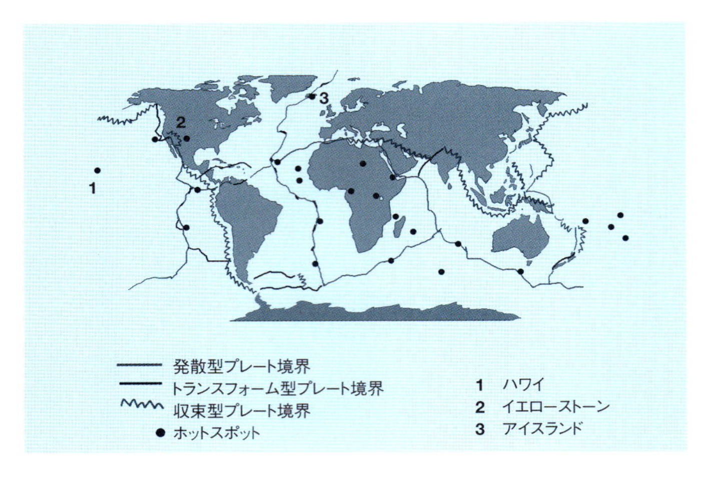

プレートテクトニクスとは、かたい地殻と上部マントルからなるリソスフェア（岩石圏）の動きを説明する学説です。これが大陸移動の原動力となって、巨大な1つの塊だった超大陸パンゲアが2億5000万年前頃から分裂を始め、アフリカ大陸やヨーロッパ大陸といった現在の大陸に分かれたとされています。

リソスフェアは複数の大きなプレートに分かれており、その下で対流するマントルに乗って移動しています。古いリソスフェアは密度が高く、「沈み込み帯」でマントルの奥へと沈み込みます。一方、中央海嶺（かいれい）では火山噴火によって新しい地殻がつくられています。プレートの移動速度は通常たいへん遅く、人間の爪が伸びる速度とほとんど変わりません。

プレート同士が衝突する場所では山脈が生まれます。互いに遠ざかる発散型プレート境界には正断層ができ、すれ違うところには「トランスフォーム断層」が形成されます。プレート境界部ではよく地震や火山の噴火が起こりますが、火山活動はプレート内部の「ホットスポット」という、高温のマントルが上昇流（プルーム）となってのぼってくる場所でも発生します。

断層

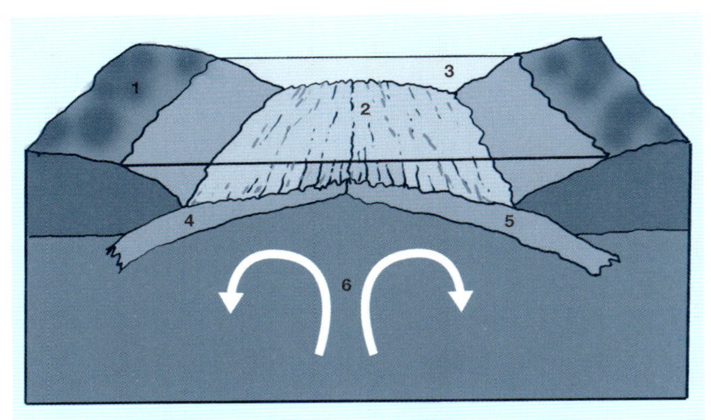

1　厚い大陸地殻
2　発散型境界の正断層で火山活動が起こる
3　低い窪地が海になる
4　新たに海洋地殻ができる
5　発散型境界の正断層でプレートが遠ざかる
6　対流するマントル

断層とは、2つの岩の塊がずれて生じた割れ目や不連続のことです。小さなものだけでなく、大きなプレート（p.134参照）の境界部には、地球上を縦横に走る広大な断層もあります。断層が突然動くことで発生するのが地震です。水平方向に動くものを横ずれ断層、おおむね垂直に動くものを縦ずれ断層と呼びます。

2枚のプレートが遠ざかっていく正断層では、その下にあるマグマが海洋地殻の割れ目からわき出して冷え、中央海嶺をつくることがあります。プレート同士が衝突する逆断層では、ときには海洋地殻が相手のプレートの下に滑り込んで「沈み込み帯」となり、ときには衝突によって押し上げられた2枚のプレートがヒマラヤ山脈のような巨大山脈をつくります。

プレート同士が水平にずれる境界には、トランスフォーム断層が形成されます。米国カリフォルニア州のサンアンドレアス断層などが有名であり、大地震が何度も起こっています。

地震

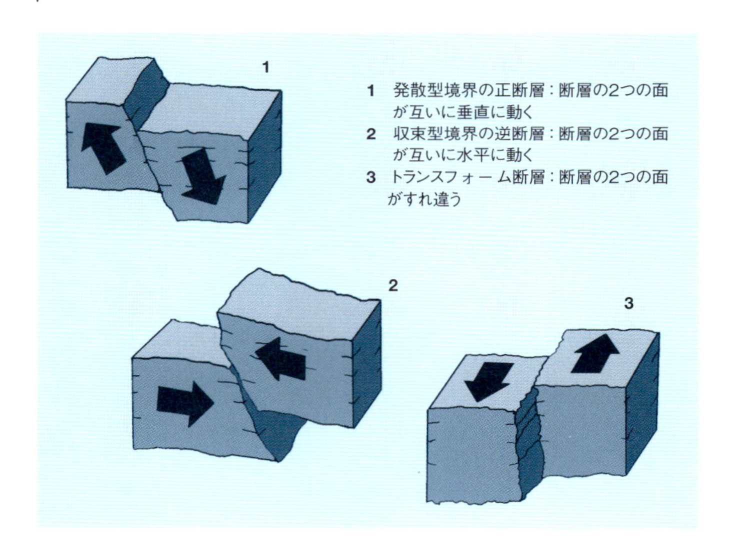

地震とは、地殻のエネルギーが突然放出され、地震波となって地面を揺らす現象です。プレート（p.134参照）の境界部は摩擦が大きく、プレートが滑らかに動けません。表面の凹凸がかみ合い、圧力と歪みが高まっていき、それが限界に達したところで、突如として揺れることになります。

プレート同士が遠ざかる発散型境界では「普通」の地震が、ぶつかり合う収束型境界では「スラスト（突き上げ）」地震が、すれ違うトランスフォーム型境界では「横ずれ」地震が起こります。慣例上、地震の規模は「マグニチュード」（別名リヒタースケール）で表し、マグニチュードが9を超える地震は、何千キロメートルにも及ぶ範囲に深刻な影響を与えます。

海中で地震が起こると、海底が動いて「津波」を引き起こし、巨大な波が沿岸地域を襲うことがあります。2004年12月にインドネシアのスマトラ島沖で発生した地震は史上最悪の津波を引き起こし、14カ国の23万人以上が命を落としました。

火山

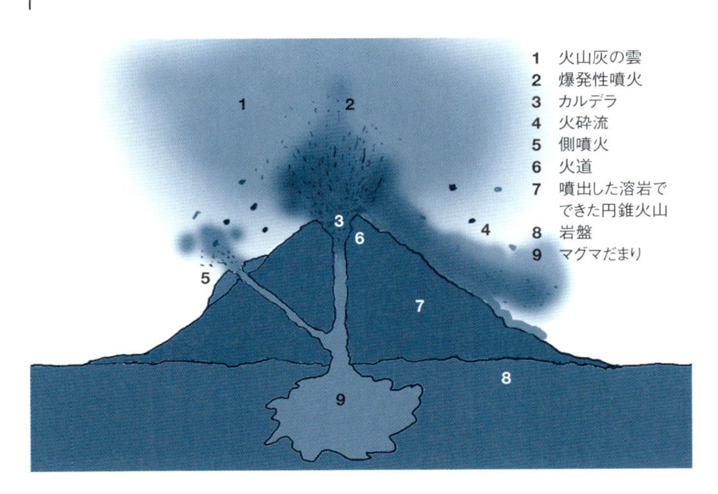

火山はマントルの熱で溶けた高温の岩石（マグマ）が、地殻を突き抜けて噴き出すことによって形成されます。プレート（p.134参照）が収束または発散している境界沿いに多く見られ、プレート同士が遠ざかっている大西洋中央海嶺沿いなどがその一例です。

火山はまた、プレートの境界部からは離れた「ホットスポット」にも見られます。地殻の下で高温のマントルが上昇流（プルーム）となっている場所です。たとえばハワイの島々はすべて、海中のホットスポットでの噴火によってできた島です。火山は円錐（えんすい）形をしたものが多く、カルデラと呼ばれる、山頂の陥没したところから溶岩や灰、ガスを噴き出しますが、山頂にごつごつした溶岩ドームをもつ火山もあります。

極めて高温なガス、灰、岩石が「火砕流」となって火口から噴き出すことも多く、最高時速150キロメートルで地面を流れ下ります。直径数メートルにもなる溶岩の塊「火山弾」も放出され、空中で冷え固まって落下します。1815年、インドネシアのタンボラ山で発生した史上最悪の噴火では、少なくとも7万1000人が命を落としました。

岩石の種類

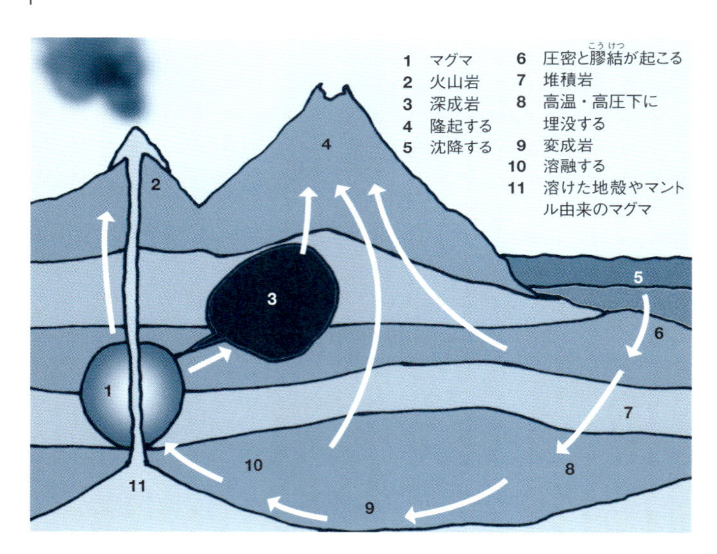

地質学では岩石を火成岩、堆積岩、変成岩という3つのグループに大きく分類しています。火成岩は、溶けた高温の岩石、いわゆる「マグマ」が地殻の中を上昇し、その間に冷えて固まったものです。地下の深いところでゆっくり冷えれば大きな結晶ができ、花こう岩のような、粒の粗い岩石になります。逆に地表近くで急激に冷えれば、玄武岩のような粒の細かい岩石になります。

堆積岩は地表で形成される岩石であり、岩片、鉱物、動植物の遺骸といった堆積物が層状に積み重なっています。たとえば砂岩は、水の底に沈んだ砂の上に沈殿物が重なり、圧縮されてできた岩石です。地殻のわずか5%ほどを占める堆積岩が、火成岩と変成岩を薄板のように覆っています。

変成岩というのは、もともとは堆積岩や火成岩だった岩石が地殻の深部に引きずり込まれ、高圧・高温にさらされた結果、密度が増すとともに組成が変化したものです。

岩石の循環

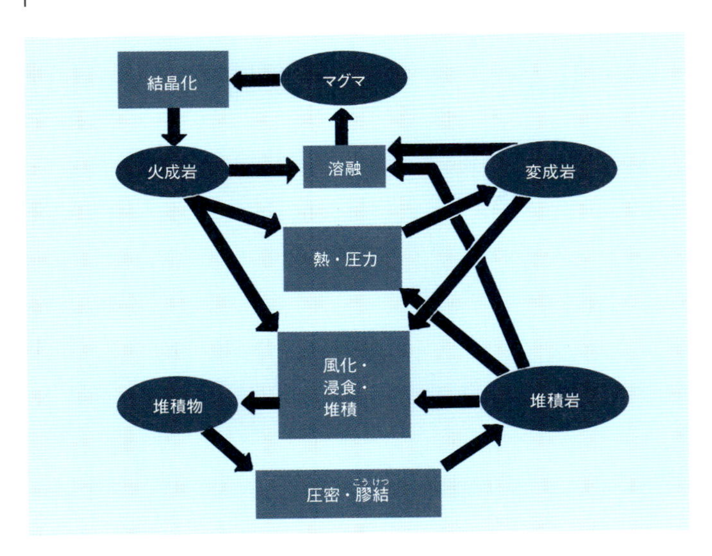

岩石の循環とは、変わり続ける地球上で岩石が無限に再生されるプロセスのことです。岩石は浸食やプレートの動き（p.134参照）などの影響を受け、何百万年もの時をかけて変化を続けます。岩石の循環が特に活発なのはプレートの境界面です。

この循環の出発点は、地中にある高温で液体または半液体の「マグマ」です。これが冷えて結晶化すると、火成岩になります。火成岩は「沈み込み」によって地殻の下へと引き戻され、再び溶けてもとのマグマに戻ることもあれば、埋没し、圧力と熱によって変成岩になることもあります。また、地表にある岩石は、風化と浸食によって破片や粒子になります。この粒子が川に流され湖底や海底に堆積すると、沈降が始まって堆積岩がつくられます。

大陸地殻の循環はとてもゆっくりで、現在の大陸地殻はおおむね20億年ほど前にできたものです。一方、海洋地殻はいちばん古いものでも、できてからわずか2億年ほどしかたっていません。

化石

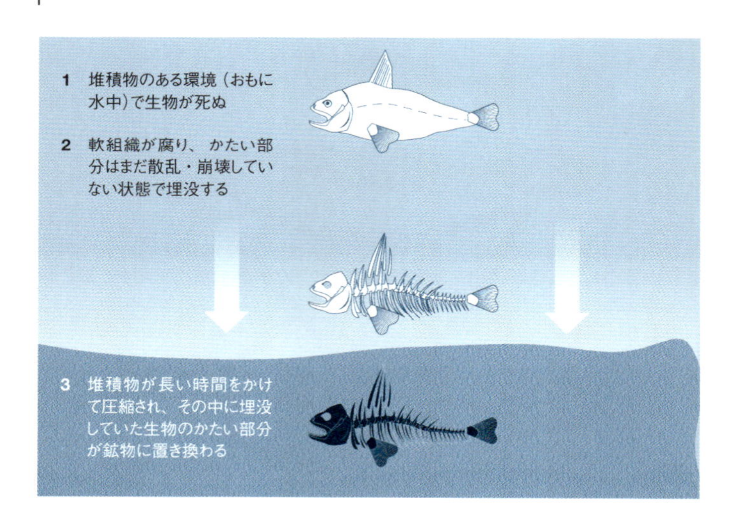

化石とは、動物や植物といった生物の遺骸が堆積物の中に閉じ込められ、何千年も経て、その組織が鉱物に置き換わったものです。

死後すぐに埋まった動植物が化石化し、遺骸がそのままの形で保存されることがあります。たとえば、魚が死ぬとやわらかい部分は腐りますが、骨格は泥や砂の堆積物中に埋没します。そして、その骨の構造を保ったまま、堆積物は圧縮されて石になっていきます。骨格がゆっくりと分解し、できた隙間に鉱物が埋まっていくことによって、骨格は次第に鉱物に置き換わります。こうした骨格の「コピー」が数百万年後、山や崖の隆起や浸食によって露出し、発見されるというわけです。

微小な単細胞生物のものから巨大な恐竜や樹木のものまで、生きている生物と同じように化石も多岐にわたります。また、動物が堆積物に残した痕跡が化石として保存されることもあり、人類の遠い祖先の残した足跡がその一例として挙げられます。既知で最古のものは、34億年以上前の微生物コロニーが化石になった「ストロマトライト」です。

地形学

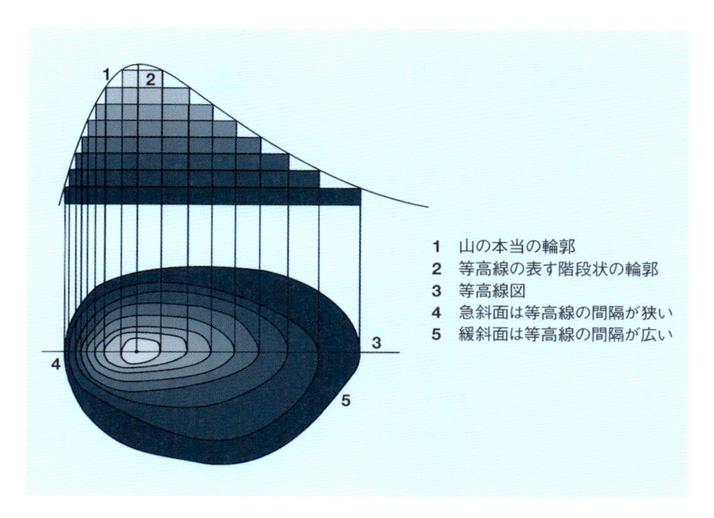

地理学の一分野である地形学は、地球の表面形状や三次元の特徴を研究して地図にする学問です。地形図（起伏地図）は土地の高低を表したもので、等高線と呼ばれる線で同じ高さの地点を結んでいます。山はいくつもの同心円状の環で表されることになり、急斜面は等高線の間隔が狭くなります。

大がかりな土木施設整備や土地造成などの計画と実施においては、地形や地表の特徴についての詳細な情報が欠かせません。「写真測量法」という昔からある技術では、各地点の三次元座標を特定するために、さまざまな角度から航空写真を撮影してそれを比較します。

正確な地表の起伏図をつくるためのデジタルデータは、マッピング衛星のレーダーから得ます。海底の地形を測量するには船のソナー（水中音波探知機）を使います。また、「LIDAR（ライダー）（Light Detection and Ranging、光による検出と測距）」システムを使って上空から測量すれば、可視レーザー光の反射を測定することで、林冠や氷河などの高さも詳細な地図がつくれます。

大陸

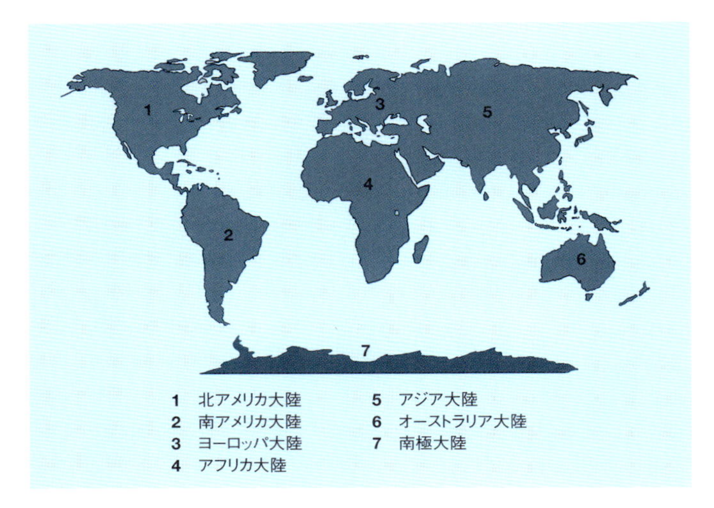

大陸とは地球上にある7つの大きな陸地のことで、アジア大陸、アフリカ大陸、北アメリカ大陸、南アメリカ大陸、南極大陸、ヨーロッパ大陸、オーストラリア大陸を指します。ほとんどの大陸は海洋で隔てられていますが、ヨーロッパ大陸とアジア大陸は例外であり、「ユーラシア大陸」という1つの大陸と見なされる場合もあります。

地球の陸地は40%近くが農地や放牧地として使われています。地表の約4分の1は山地、約3分の1が森林です。「熱帯地方」はうっそうとした熱帯多雨林が多く、年間降水量は2メートルを超えます。「砂漠」というのは年間降水量が25センチメートルに満たない乾燥した地域です。植生はまばらか、ほとんど存在しません。昼は暑く夜は寒い砂漠は、地表の陸地の約5分の1を占めています。

年中暑い熱帯地方と極地方との間には、比較的穏やかな気候の「温帯地方」があり、また、北半球の高緯度地域は植生が乏しく、地下に永久凍土が広がる「ツンドラ」が、氷に覆われていない陸地の大部分を占めています。

海

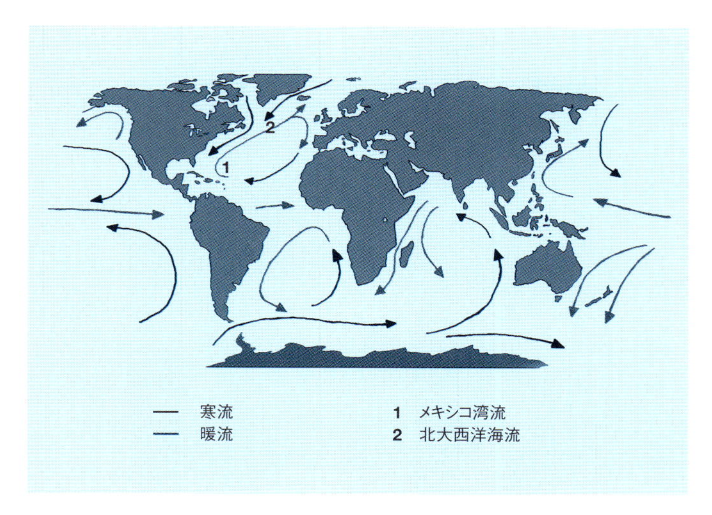

海は塩水に満たされた広大な水域で、地球の表面積の約71%を占めています。一般に、太平洋、大西洋、インド洋、南極海、北極海という5つの大洋に区分されます。

全海域の半分近くで水深が3キロメートルを超えており、なかでもいちばん深いのは水深11キロメートルにもなるマリアナ海溝で、日本の南方、太平洋にあります。海洋学者のドン・ウォルシュとジャック・ピカールは1960年、小さな潜水艦でマリアナ海溝の底に到達し、それまで誰もなしえなかった偉業を達成しました。

海流は巨大なベルトコンベヤのように、熱帯地方から極地方へと熱を伝えます。冷たい深海の水は中部太平洋やインド洋で上昇し温められたのち、高緯度に移動して沈み込み、冷やされるのです。米国南東部から欧州北西部にかけては、メキシコ湾流と北大西洋海流という大きな暖流があるため、欧州北西部は比較的穏やかな気候が保たれています。

地表水

海、川、大気、極地方の氷などに含まれるすべての水を集めて球にしても直径はわずか1390km、地球の体積の約0.13%にしかならない。図では地球の横に水の球を並べた

地球の水の約97%が塩辛い海水で、淡水はわずか2.5%ほどです。その淡水は大半が極地方の氷や地下に存在しており、私たちが日常使っている川や湖の水は、地球の淡水の約0.3%にすぎません。

海水は太陽の熱で温められ、蒸発して水蒸気になったのち、上空で凝縮して雲になり、やがて雨や雪として地表に降ってきます。また、極地方の氷や氷河の氷として何千年も保存されている水は、地球の淡水の約70%を占めます。

雨水は地表から川に流れ込んだのち、海や大きな淡水湖へ流れていきます。湖には多くの種類があり、たとえば三日月湖は、流水の勢いによって川の蛇行部が次第に大きくなり、ついには本流から切り離されて湖となったものです。米国とカナダの国境にあるスペリオル湖は世界最大の淡水湖とされ、8万2400平方キロメートルもあります。

大気の成分と構造

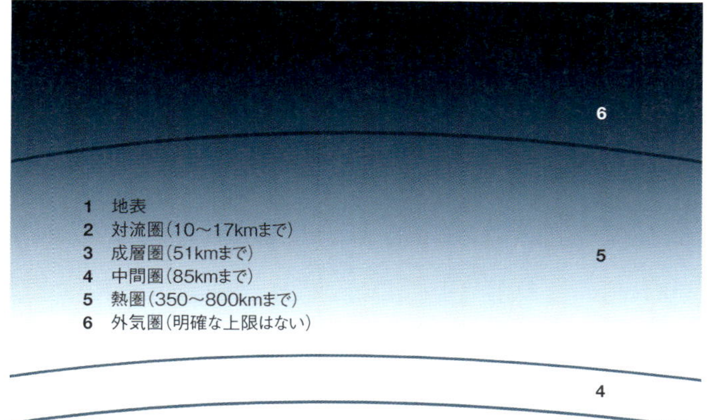

大気は地球の周りを覆う気体であり、重力によって地球につなぎ止められています。地球を生命に適した環境にするうえで極めて重要な役割を果たしており、呼吸に必要な空気を含むだけでなく、昼夜の気温差が大きくなるのも防いでくれています。

大気はおもに窒素(78%)と酸素(21%)からなりますが、高度によって組成は変化します。いちばん低い対流圏は密度がもっとも高く、大気質量の約80%がここに存在します。次の成層圏にはオゾン(O_3)層があり、これが太陽の紫外線の大部分を吸収してくれるおかげで、生命に害が及びません。いちばん外側の薄い外気圏は、おもに水素とヘリウムからなります。

地球の大気が青く見えるのは、太陽の赤い光よりも青い光のほうが散乱しやすく、青い光子が四方八方に散らばるからです。また、朝焼けと夕焼けが赤く見えるのは、太陽が地平線の近くにあると光は厚い大気を通過せねばならず、その間に青い光がより多く取り除かれるからです。

大気循環

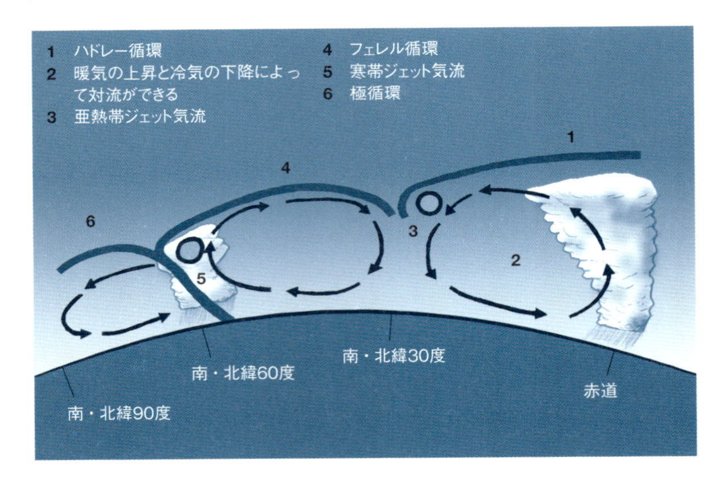

大気循環とは空気の大規模な動きのことであり、この循環によって地表全体に熱が分配されます。その大部分を占める「ハドレー循環」という巨大な対流は、1700年代前半、法律家であり科学者でもあったイギリスのジョージ・ハドレーが提唱したものです。

ハドレー循環では、まず赤道の暖かく湿った空気が上昇して極方向へ移動し、南・北緯約30度付近で下降します。下降した空気の一部は地表付近を通って赤道に戻りますが、その際に地球の自転によって西にそれることによって「貿易風」を生じます。一方、南・北緯60度以上の高緯度では「極循環」という対流が見られます。

19世紀の米国人気象学者、ウィリアム・フェレルによって提唱された「フェレル循環」という対流は中緯度で見られます。フェレル循環では空気が極循環とは逆方向に回転し、地球の自転によって「偏西風」を生じます。「寒帯ジェット気流」と「亜熱帯ジェット気流」に代表されるジェット気流は、高高度を高速で流れる空気のことです。対流と対流の境界で発生し、東に向かって地球を一周しています。

前線

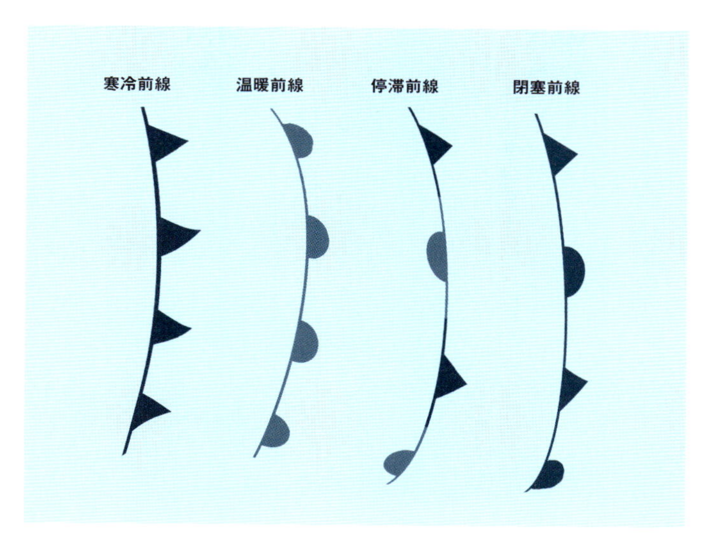

気象学でいう前線とは、密度・温度・湿度の異なる気団が接する境界のことです。前線が近づくと、天候が変化し始めます。たとえば、寒冷前線が暖かく湿った気団の下に入り込むと、暖気が上昇し、水蒸気が凝縮して厚い雨雲になります。

「寒冷前線」は「温暖前線」よりも速く移動して天候を急変させますが、それは寒気のほうが密度が高く、暖気をぐいぐいと押しのけるためです。天気図では、寒冷前線は進む側に青い三角がついた線で表されます。赤い半円のついた線で表されるのは温暖前線であり、温暖前線が近づく地域では、たいてい弱い雨が降ります。

「閉塞(へいそく)前線」というのは、寒冷前線が温暖前線に追いついたときに発生する前線です。また、「停滞前線」は2つの前線の強さが等しくて、どちらも相手を押しのけられない、まさに膠着(こうちゃく)状態にある前線です。同じ場所に長く居座ることが多く、数日間雨が続くことになります。

雲

雲は、大気中に浮かぶ水滴や氷晶の不透明な塊です。太陽光の熱で地表が温められると、水が蒸発して雲が発生します。まず、暖かい湿った空気が空高く上昇し、そこの気温が十分に低ければ、塵や塩などの微粒子を芯にして水蒸気が凝縮し、水滴や氷晶ができるのです。やがて、それが上昇気流で支えられないほど大きくなると、降水（p.149参照）として地表に降ってきます。

積雲はモコモコした高密度の雲で、綿(わた)のようにも見えます。上に向かって成長し、雷雨をもたらす巨大な積乱雲になることもあります。巻雲は強風に吹かれて長くたなびく、細い筋のような雲です。高度6キロメートル付近という高いところで発生し、たいてい晴天のときに見られます。

名前の先頭に「高」がつく雲は、実際には大気の中ほどの層にあります。層雲と呼ばれるのは、空全体を覆うことの多い、一様に灰色がかった雲です。天候に影響する雲はすべて、地球大気で重要な役割を果たしている最下層、対流圏で発生します。

降水と霧

あられ（ひょう）のでき方

1　雨粒が暖かな上昇気流に吸い込まれる
2　氷結高度
3　あられの粒が対流によって上下しながら成長する
4　あられの粒が雲の中に浮かんでいられないほど大きくなると、地表に向かって落下し、冷たい下降気流が発生する

降水とは雨、雪、みぞれ、あられ、ひょうなど、雲から水が落下するさまざまな現象を指します。雲内の空気の乱流によって、小さな水滴や氷粒子がぶつかり合って大きくなり、それが上昇気流では支えられないほどに成長すると、地表に降ってくるのです（「尾流雲」だけは例外で、弱い降水が地表に達する前に蒸発してしまいます）。

雨粒は最大で直径約10ミリメートルにまでなり、特に大きいものは空気の抵抗によりつぶれ、パンケーキのような形をしています。雪片は大きいものでは数センチメートルにもなります。あられやひょうは、上昇気流に乗ったり外れたりして、雲の中で上昇と下降を繰り返しながら成長します。大きさが20センチメートルを超す場合もあり、そこまで大きく重いひょうは、当たると致命傷になります。

霧は降水ではありません。地表付近の空気中に浮かんだ無数の水滴や氷晶であり、いわば低い雲です。おもに近くにある湖や沼などが、水分の供給源になっています。もやは霧より薄く、視界が1キロメートル以上あるものを指します。

嵐と竜巻

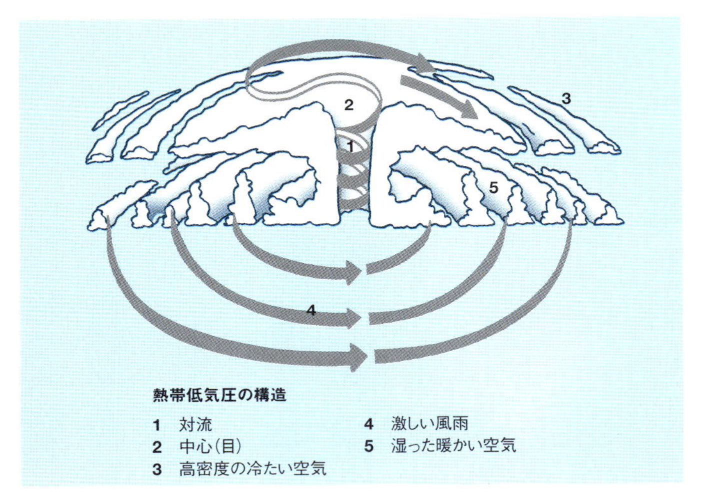

熱帯低気圧の構造

1 対流
2 中心(目)
3 高密度の冷たい空気
4 激しい風雨
5 湿った暖かい空気

嵐という言葉は、悪天候を引き起こす大気の乱れすべてを指します。暖かい空気が上昇して中心部の気圧が周囲よりも低くなると、強風が吹いて積乱雲などの嵐雲ができ、嵐が起こります。

雷雨は、温暖な地域で湿度が高いときに発生します。湿った暖かい空気が不安定になって急上昇する一方で、冷たい空気は強い下降気流を生じさせます。落下する水滴や氷粒子が上昇する水滴や氷粒子の負電荷をはぎ取り、雲の中で「電荷分離」が起こると、落雷による放電が発生して雷鳴(p.151参照)が聞こえるのです。

熱帯低気圧は、低緯度において低気圧を中心に空気が回転することで発生します。湿った空気が上昇して凝縮するときに熱を放出し、この熱によって、熱帯低気圧はどんどん勢力を増していきます。大きな熱帯低気圧は発生域に応じてハリケーンとも台風とも呼ばれます。竜巻は漏斗(ろうと)状の激しい暴風で、瓦礫(がれき)を吸い上げながら1時間以上続くこともあり、米国中部の竜巻がもっとも発生しやすい地域は「竜巻街道」の異名をとっています。

146

雷

落雷の直前には、負に帯電した空気のステップトリーダー（先駆放電、1）が雲の底からジグザグと下に伸び始める一方で、正に帯電したストリーマー（先行放電、2）が地面から上がってくる

雲からのステップトリーダーと地面からのストリーマーが出合うと通り道（3）ができ、雷が落ちる

雷は雲の中で電荷が分離して発生します。雷雨の雲では、急上昇する暖かい空気に含まれる水滴から、落下する水滴や氷粒子へと電荷が移り、雲の下部が上部より負の電荷を帯びた状態になっています。あまりにも強い電場が生まれると、雲中や地表へ向けて放電が起こります。それが雷です。

雲と地面の間で発生する雷の場合、まず電荷（通常は負電荷）が枝分かれしながら下方向にジグザグに進み、迎えるように上がってきた正電荷の「ストリーマー（先行放電）」とつながります。このようにしてできた道を雷が通ると空気が熱せられ、圧力波が発生するため雷鳴が聞こえるのです。

大気中では「スプライト」や「エルブス」といった、高高度における放電も起こります。スプライトはたいてい赤色に輝く光で、下に巻きひげ状の青い光がついていることもあります。エルブスは0.001秒足らずで消える赤い光です。また、多くの人が地表付近に浮かんで光る丸い「球電」を見たと報告していますが、この現象の原因は謎に包まれています。

気候

気候というのは、その地域の平均的な天候パターンのことであり、1年のさまざまな時期における標準的な気温・湿度・風・降水量などで決まります。緯度、標高、海に対する陸の位置など、多くの要素がこのパターンに影響を与えます。

もっとも一般的な気候区分は、ドイツの気候学者、ウラジミール・ケッペンが1884年に発表したケッペンの気候区分です。ケッペンは全地域を大きく5つの気候に分類しました。熱帯気候の地域は、海抜ゼロ地点での平均気温が1年を通して18℃以上あります。乾燥帯では、蒸発などで失う水分が降水量を上回ります。

温帯は季節によって気温が変わり、平均で夏は10℃以上、冬は－3℃以上あります。もっとも寒い月の平均気温が－3℃を切ると冷帯（亜寒帯）気候となり、さらに、月平均気温が年間を通して10℃未満の地域は寒帯気候に区分されます。これらの大きな区分は、さらに28のタイプに細分されます。

気候変動

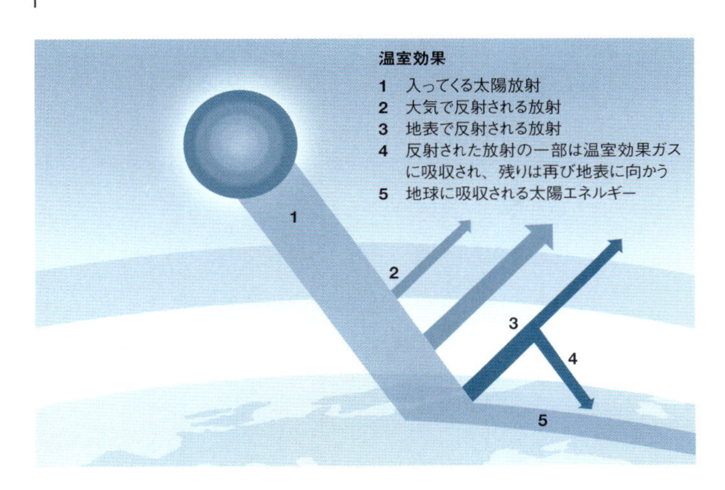

地球の気候は、公転軌道や自転軸の傾きがわずかながら周期的に変動することなど、多くの要因によって長期にわたり変化し続けてきました。地球の歴史の大半を通して、平均気温は現在よりも5℃以上暖かく、極地には氷がありませんでした。また、あるときは氷河時代(p.154参照)が続き、世界が氷に閉ざされました。

気候変動は近代でも起こっており、1500年代半ばから1800年代半ばにかけて続いた「小氷期」では、平均気温が現在よりも約1℃低くなりました。その一因として、火山噴火による灰が大気中に広がって日光を遮り、地球の温度を下げたことが挙げられています。

20世紀の間に平均気温は0.6〜0.9℃上昇しました。ほとんどの科学者が、これは化石燃料の燃焼をはじめとする、人間の活動のせいだと考えています。燃焼などで放出された温室効果ガスが、宇宙空間に逃げていくはずの太陽エネルギーの一部を閉じ込めてしまうのです。21世紀中に気温はさらに数℃上昇すると予想されており、この気候変動は壊滅的な海面上昇のほか、干ばつや嵐の頻発を招くおそれがあります。

氷河時代

第四紀氷河時代の最終氷期には氷河が北米、欧州、アジアの大半を覆って南米のアンデス山脈にまで広がり、南極大陸では厚みを増した

地球の長い歴史において、極地に氷のない時代もありましたが、気候が寒冷化した氷河時代には大陸が広大な氷床に覆われていました。このような長期にわたる気候変化は、地球自転軸の傾きのわずかな変化や大陸の移動など、さまざまな自然変化が原因となって起こります。

氷河時代の痕跡は、流れる氷河が削った谷などの地形や、極地方の深部から掘り出した氷床コアに見られます。氷床コア内の古代の気泡には、当時の気温の情報が保存されているのです。また、化石を見れば、寒冷期に多くの生物が暖かな地域へ広がっていったことがわかります。

過去には大きな氷河時代が少なくとも5回ありました。既知で最古の氷河時代は25億～21億年前です。8億5000万～6億3000万年前の氷河時代には赤道まで凍結した「スノーボール・アース」という状態になり、258万年前からは現在の第四紀氷河時代に入りました。特に寒かった最終氷期は約1万年前に終わり、今は氷河時代のうちの比較的暖かな「間氷期」にあります。

気候工学

気候工学とは、化石燃料の使用による地球温暖化を和らげるために提案された取り組みのことです。毎年、化石燃料の使用によって、温室効果ガスである二酸化炭素が何十億トンも放出されています。

気候工学における提案には、大気中の温室効果ガスを直接減らそうとするものがあります。たとえば、工業プラントで出た温室効果ガスをその場で回収し、液化して地下や海底に封入するといった方法です。ほかにも、海に鉄分を加えることで、鉄分を栄養とする植物プランクトンの生長を促し、生長するときに二酸化炭素を吸収させるという提案もあります。

また、大気に届く太陽エネルギーの量を減らし、地球の温度を下げる方法も考えられています。宇宙船や人工衛星に鏡をつけて太陽光を反射したり、飛行機で大気中にエアロゾル粒子を散布して太陽光を遮断したりするのです。こうした技術はどれも研究が始まったばかりで、地球温暖化の解決策になると実証されたものはほとんど存在しません。改善どころか、最終的に悪化させてしまうおそれもあります。

化石燃料

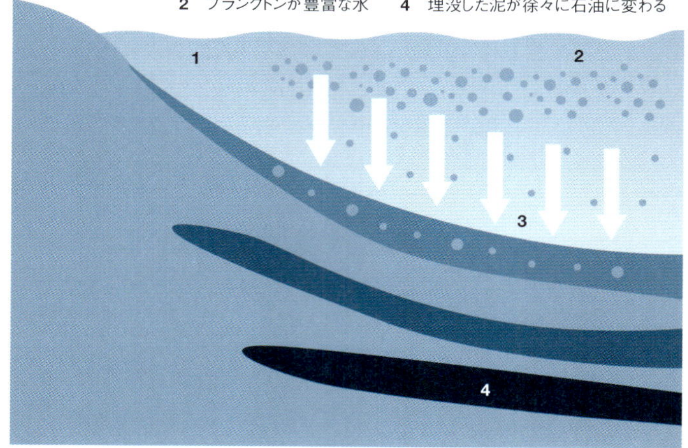

石油、石炭、天然ガスなどの化石燃料は、動物や植物の遺骸が地下で分解されてできる高エネルギー燃料です。新たに生成されるより、人が採取・燃焼する速度のほうが速いため、再生不可能資源と呼ばれます。石油の埋蔵量はどんどん減っており、2050年頃には採掘しても採算が取れなくなっているかもしれません。

海や湖に漂う動物、植物、藻類などの生物遺骸が底に沈んで分解し、何百万年もの時を経て化石燃料になります。こうした有機物質は泥と混ざり、さらに深い堆積物層の中に沈むことで、圧力と熱によって化学的に変化し、液体と気体の炭化水素分子になるのです。一方、陸上では、植物が分解して石炭やメタンガスができます。

化石燃料は世界の主要なエネルギー源であり、燃焼によって毎年、何十億トンもの二酸化炭素が大気中に放出されています。この温室効果ガスは地球温暖化の一因であり、将来、壊滅的な気候変動（p.153参照）をもたらすおそれがあります。

石油の精製

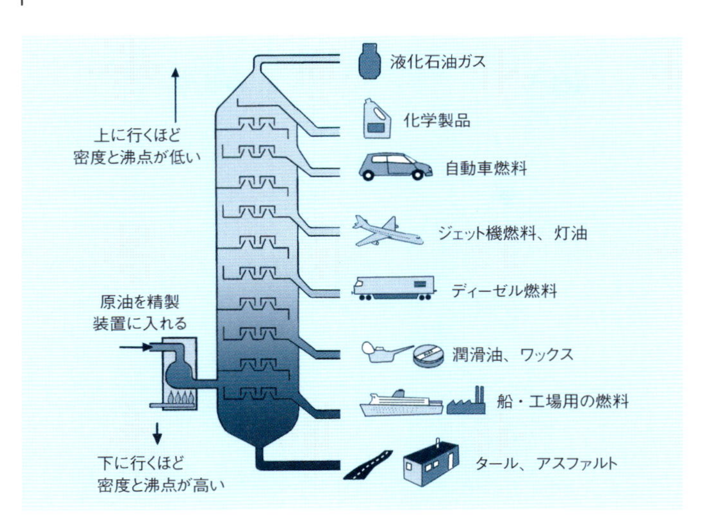

石油の精製とは、原油に含まれる何百種類もの炭化水素分子を分離して、自動車燃料、潤滑油、プラスチック、洗剤の原料など、人の役に立つ化学製品にすることです。

原油にはさまざまな分子質量の炭化水素が含まれるので、その沸点の違いを利用した蒸留によって各「留分（りゅうぶん）」に分別します。加熱して蒸気になった原油は、上にいくほど温度が低くなる、背の高い冷却塔の中を上昇していき、質量に応じて異なる高さで異なる留分が凝縮されるわけです。ガソリンのように比較的軽い留出物は上のほうで、道路や屋根に用いられる粘り気のあるタールやアスファルトはいちばん下で集められます。

精油所ではまた、長鎖で重い留出物を「クラッキング（分解）」して、需要の高い短鎖で軽い炭化水素に変えています。たとえば、ブタンに熱と触媒を加えるクラッキングでは、ポリマー（p.67参照）の製造に欠かせないアルケンと、水素とが得られます。精油所では1日に数千バレルもの原油処理が可能です。

原子力

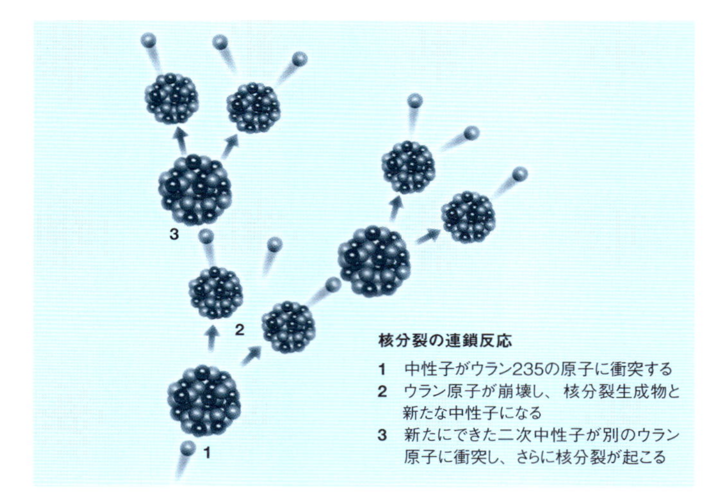

原子力とは、制御された核分裂反応によって生成されるエネルギーのことです。ほとんどの原子炉がウラン235を燃料に使っています。中性子がウラン原子を核分裂させると、中性子がさらに放出されてウランをさらに核分裂させるという連鎖反応が起こり、熱が発生します。そこに水を流すと熱を奪って蒸気になるので、その蒸気でタービンを回して発電するのです。

世界では電気の約14%を原子力に頼っています。また、潜水艦や砕氷船は小型原子炉で動力を得ているものもあります。原子炉では何度か重大事故が起こっており、1986年にウクライナ(旧ソ連)で起こったチェルノブイリ事故では、原子炉が破裂して火災が発生し、放射性物質が広域に降り注ぎました。こうした事故は最新式の原子炉ではめったに起こりませんが、核分裂反応炉から出る、危険な放射性廃棄物の保管は、今もなお問題になっています。

核融合(p.51参照)を利用した原子炉であれば、有害な廃棄物はあまり出ません。しかし、いまだ実験段階です。核融合炉を実用化するには、約1億℃で反応させる必要があります。

再生可能エネルギー

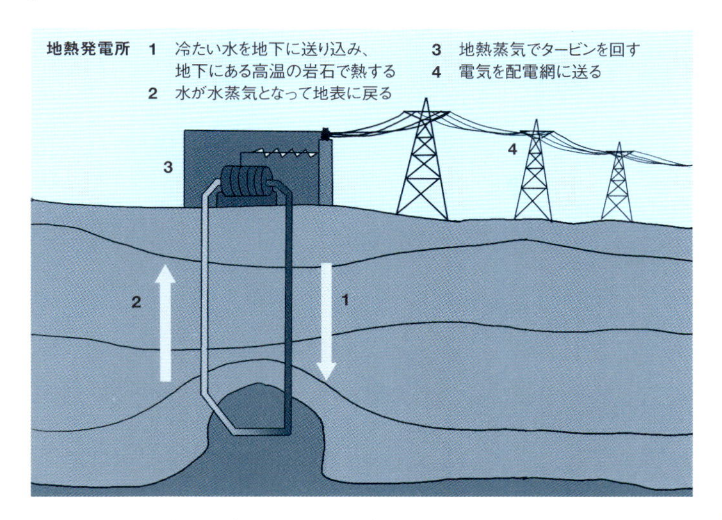

できるまでに何百万年もかかる化石燃料とは異なり、再生可能エネルギーは絶えず補充される自然資源から得られます。化石燃料による地球温暖化と原油価格の値上がりへの懸念から、再生可能エネルギーの需要は高まっており、今では世界で使用される電気の約5分の1を占めています。

個人宅のソーラーパネルから得られる電気も、発電所で風や自然の水流によりタービンを回して得られる電気も、再生可能エネルギーです。バイオ燃料は、トウモロコシや小麦といった植物、植物油、動物油脂、木材、わらなどの有機物からつくられます。米国は、2022年までにバイオ燃料(おもにエタノールとバイオディーゼル)の年間生産量を360億ガロン(約1.36億キロリットル)にする計画を立てています。

アイスランドは、すべての電気を地熱などの再生可能エネルギーでまかなっています。アイスランドの地表近くには高温のマグマがあるため、発電所で冷たい水を地下に送り込むと、水は熱せられて水蒸気となります。地表に戻ってくる水蒸気がタービンを回し、発電してくれるというわけです。

太陽

太陽の構造

1　核融合によってエネルギーが生まれる中心核
2　放射によってエネルギーが運ばれる放射層
3　対流によってエネルギーが運ばれる対流層
4　光球に達したガスは透明になる
5　超高温の外層大気「コロナ」

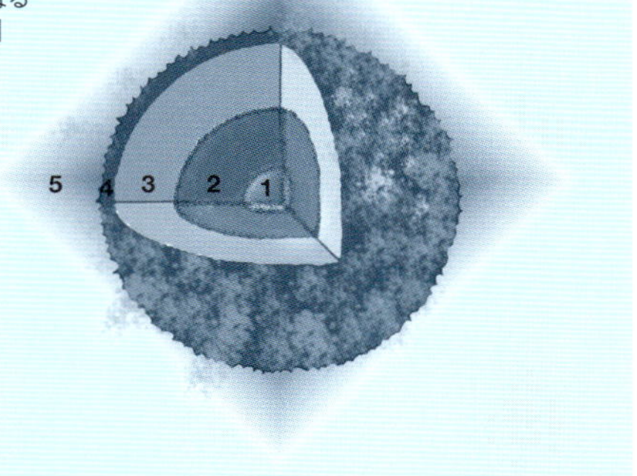

太陽は太陽系の中心にある恒星です。地球から約1億5000万キロメートル（8.3光分）の距離に位置し、直径は139万1000キロメートルです。太陽の組成は質量比で水素が4分の3近く、ヘリウムがほぼ4分の1となっており、水素とヘリウムよりも重いその他の元素は2%未満しかありません。

太陽の中心核では水素の核融合によってエネルギーが生み出されており、その熱が「光球」に達すると、私たちが目にする太陽光になります。光球の外側には薄い「コロナ」が外に向かって広がり、宇宙空間に絶えず吹き出す粒子の流れ、「太陽風」を生じています。太陽表面に一時的に現れる「黒点」は、磁場によって熱が表面に移動するのが妨げられ、周囲よりも温度が低くなっている部分です。

太陽は約45億7000万年前、ガス雲が収縮して誕生しました。今から約50億年後には膨張して赤色巨星になり、外側の層が水星や金星を、もしかすると地球をも、のみ込んでしまうと考えられています。その後は縮小していき、高温で密度の高い「白色矮星（わいせい）」となります。

月

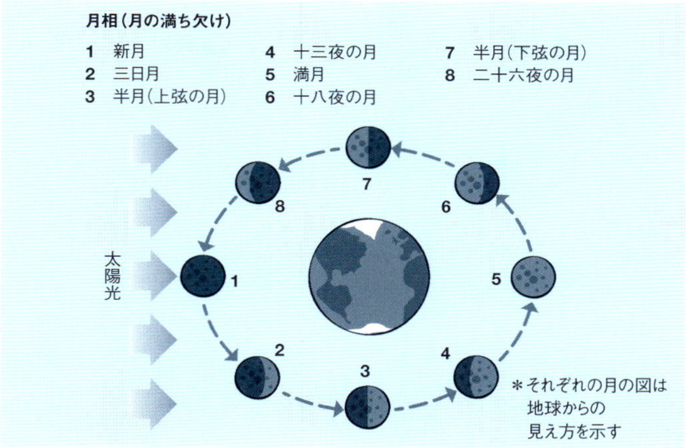

月相（月の満ち欠け）

1 新月
2 三日月
3 半月（上弦の月）
4 十三夜の月
5 満月
6 十八夜の月
7 半月（下弦の月）
8 二十六夜の月

太陽光

＊それぞれの月の図は
地球からの
見え方を示す

月は地球の唯一の天然衛星です。地球からの距離は平均38万4400キロメートルですが、27.3日かけて地球の周りを公転する間に、その距離は約5%変化します。月の質量は地球の8分の1です。地球から見ると、月面のうち太陽光を反射して輝く部分の大きさが日々変化するため、月相（月の満ち欠け）が生じます。

月が誕生したのは、およそ45億3000万年前と考えられています。生まれたての地球に火星ほどの大きさの天体が激突して、高温のデブリが地球周回軌道上に飛び散り、そのデブリが合体して月になり、徐々に冷えていったのでしょう。現在の月は内部が層構造になっており、どうやら一部が液体になった小さな中心核があるようです。

誕生した月は、やがて地球の引力によって「同期自転」をするようになりました。自転周期が公転周期と同じ27.3日になったのです。だから、月はいつも同じ面を地球に向けています。表面に無数に存在するクレーターは、大半が彗星や小惑星の衝突によってできたもので、直径20キロメートルを超すものが5000個以上もあります。

食

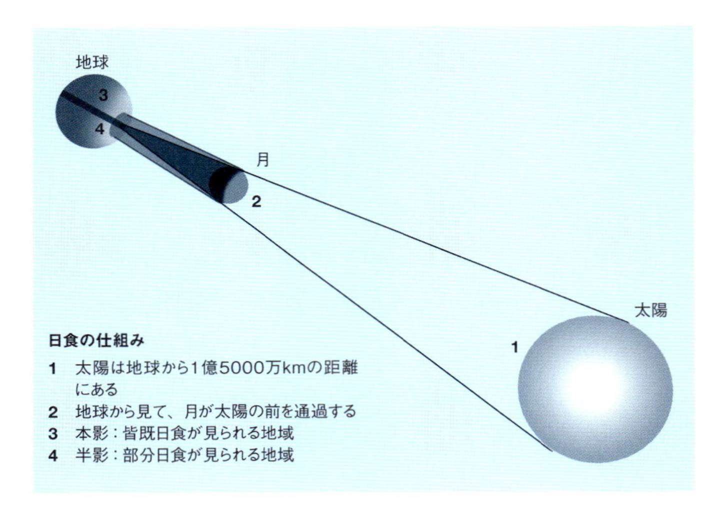

食とは、ある天体が別の天体の手前を通過するときに、後ろの天体の光を隠す天文現象です。もっとも壮観な「皆既日食」では、地球から見て月と太陽が1列に並び、月が太陽の光を遮るため、つかのま、昼が夜に変わります。

うまい具合に地球と月と太陽が1列に並ぶ皆既日食は、最多で1年に2回起こっていますが、見えるのは地球上の限られた地域だけです。月が太陽を数分にわたって覆い隠せるのは、地球から見上げた太陽と月は見かけの大きさが同じだからです。月が太陽の一部だけを隠す場合は「部分日食」といいます。

「皆既月食」は満月が地球の影に入って、太陽光で直接照らされなくなるときに起こります。そのとき月が赤銅色に見えるのは、地球大気によって屈折した一部の太陽光が月の表面に届くからです。もっと遠くの天体が見かけのうえで重なる状態も「食」と呼びます。たとえば、ある恒星がその周りを回る伴星の光を一時的に遮る場合などがあります。

惑星

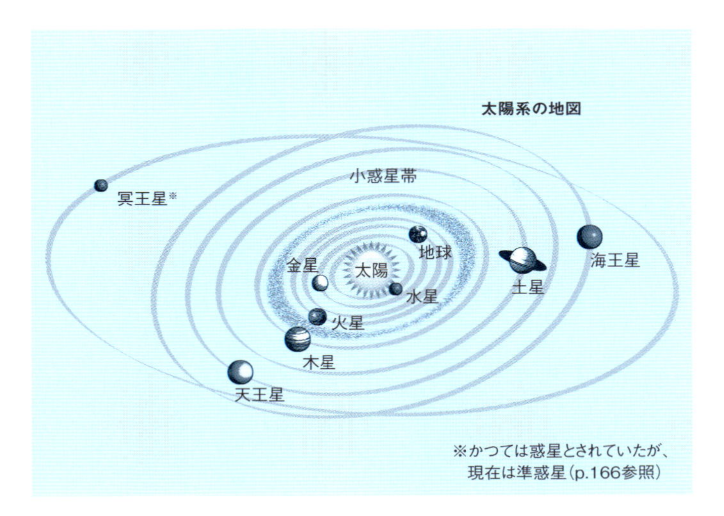

太陽系には8つの惑星があり、そのうち水星、金星、地球、火星の4つは「地球型惑星」で、木星、土星、天王星、海王星は「木星型惑星」です。どの惑星も、約45億4000万年前に太陽の周りを回るガスや塵の円盤の中で、物質が凝集して形成されました。

岩石でできた地球型惑星は暖かい内太陽系で誕生し、融点の高い金属やケイ酸塩などの化合物を多く含んでいます。一方、木星型惑星は「凍結線」の外側にあるため、凍った揮発性化合物が凝集して大きな球になり、厚い大気をもつようになりました。

惑星の軌道距離は、地球と太陽の距離を1とした天文単位(AU)で表すことがあります。軌道距離を簡単な数列で表すティティウス・ボーデの法則というものがあります。0から始まって3、6、12というように数を2倍して数列をつくり、それに4を加えて10で割ると、できた数列が各惑星(水星から土星まで、海王星を除く)の軌道距離によく一致するのです。ただし、これには物理的な根拠はありません。ただの偶然の一致です。

地球型惑星（水星から火星まで）

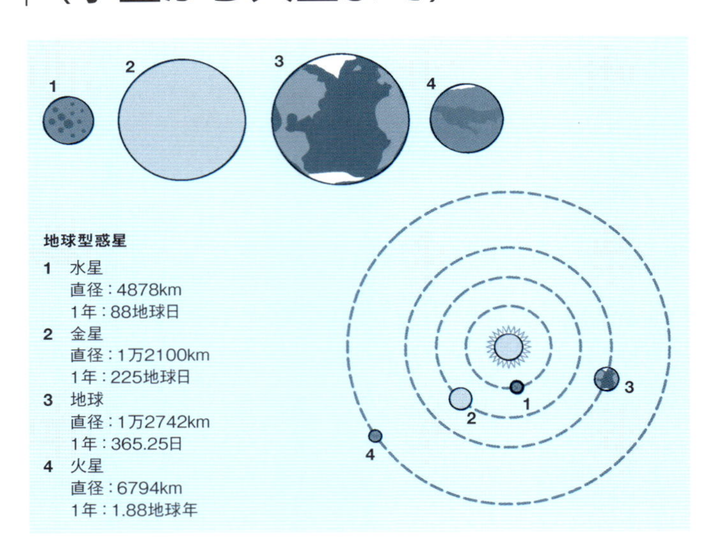

太陽にいちばん近い惑星である水星は、太陽をわずか88日で1周しますが、自転速度はとても遅く、水星の1日（日の出から次の日の出までの時間）は地球の176日に相当します。そのため、大気がほぼない地表の温度は、長い昼には450℃にまで上昇し、逆に夜は－170℃まで冷えます。

次に太陽に近い金星は、太陽を約225日で1周しています。地球とほぼ同じ大きさであり、地球の「邪悪な双子」とよくいわれます。大気はすべてを押しつぶすほどに重く、その主成分の二酸化炭素は温室効果ガスなので、地表は灼熱（しゃくねつ）の465℃に達し、しかも硫酸の厚い雲に覆われているからです。

地球は太陽に3番目に近い惑星であり、4番目の火星は太陽を1周するのに687日かかります。凍える惑星と呼ばれるとおり、現在の火星の平均気温は－60℃です。大気は薄く乾燥していますが、地下には大量の氷が堆積しています。河床（かしょう）のような古代の地形が見つかっていることから、かつての火星は、水や海や川が存在するほど暖かかったと考えられています。

木星型惑星（木星から海王星まで）

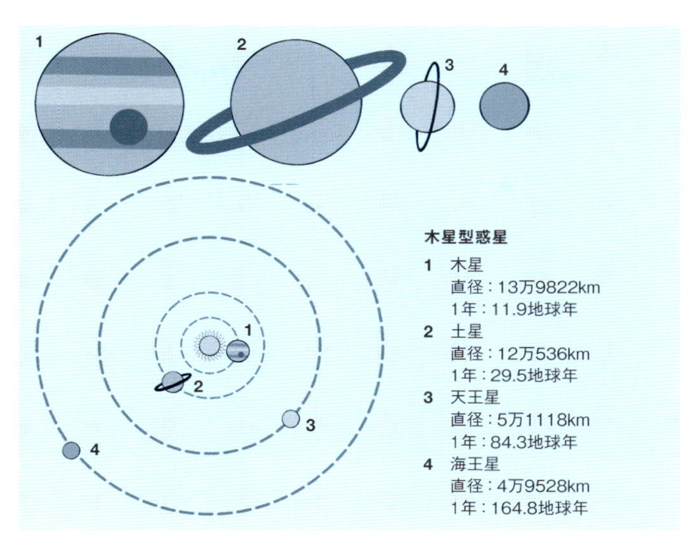

太陽系に存在する4つの木星型惑星は非常に巨大で、その合計は太陽を周回する全物質の約99%を占めます。最大の木星は直径が地球の11倍以上あり、11.9年で太陽を1周しています。カラフルな帯状の雲と、2世紀以上続いている巨大な嵐、「大赤斑」で有名です。木星には、太陽系最大の衛星であるガニメデをはじめ、数十個の衛星があります。

土星も木星と同じく、おもに水素とヘリウムからなる巨大ガス惑星であり、29.5年で太陽を1周しています。巨大な環は、氷の塊が土星の周りを回っているものであり、なかにはバスほどの大きさの氷もあります。

土星の外側には天王星と海王星があり、公転周期はそれぞれ84.3年と164.8年です。どちらも巨大氷惑星に分類されることが多いのは、巨大ガス惑星より多く水やアンモニアの氷を含んでいるからです。天王星の自転軸は極端に傾いており、地球から見るといわば「横倒し」の状態で自転しています。

準惑星、小惑星、彗星

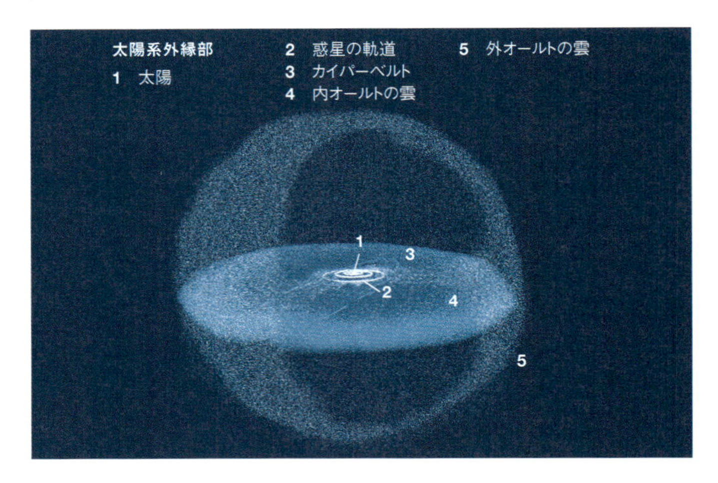

準惑星とは、大まかにいうと、恒星を周回している直径2000キロメートル程度の中型天体のことですが、正確な定義はたいへん込み入っています。太陽系では5つの天体が準惑星と見なされており、そのうちの冥王星は、太陽系外縁部に同程度の大きさの天体が多数あると判明するまでは、惑星に分類されていました。そうした天体をまとめるために2006年、準惑星という分類が導入されたのです。

小惑星は準惑星よりも小さい岩石の塊です。おもに火星と木星の間にある「小惑星帯」内に収まって公転していますが、地球の軌道と交差するような細長い軌道をもつ小惑星も少数ながら存在します。こうした小惑星がいつか地球にぶつかりでもすれば、大量絶滅(p.104参照)さえ引き起こしかねないため、天文学者は注意深く監視しています。

大きな汚れた雪玉である彗星は、氷の天体が密集する、2つの寒冷な領域から太陽に向かってやってきます。海王星の外側にある「カイパーベルト」と、さらに外側にある「オールトの雲」です。彗星が太陽に近づいて高温になると、ガスと塵でできた薄い大気が生じ、長い尾が伸びることもあります。

太陽圏

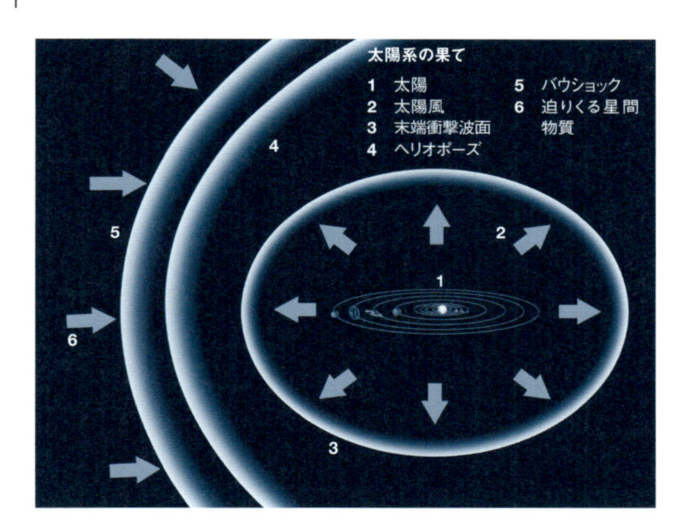

太陽圏とは、太陽風が宇宙空間につくり出す巨大な泡のようなものです。この泡は太陽系の全惑星を包み込んでおり、太陽風の「息が届かない」先に星間空間が広がります。

太陽風（p.160参照）は、時速100万キロメートル以上の超音速で惑星の間を吹き抜けたのち、星間ガスの抵抗を受けて速度を落とします。音速よりも遅くなる位置を「末端衝撃波面」といいます。NASAの探査機ボイジャー1号／2号が、それぞれ約94／76天文単位（AU、1AUは地球と太陽の距離）の位置でこの衝撃波面を通過したことから、衝撃波面はおそらく歪んだ形をしており、その形も常に変化していると考えられています。

この衝撃波面の外側には、太陽風が星間物質とぶつかって止まる理論上の境界面、「ヘリオポーズ」があります。ボイジャー1号は2014年にヘリオポーズを通過したと見られています。さらにその外側にあるとされる「バウショック」では、太陽自身が天の川銀河内を周回しているせいで、星間物質が太陽圏の外側に高速でぶつかります。

恒星までの距離の測定

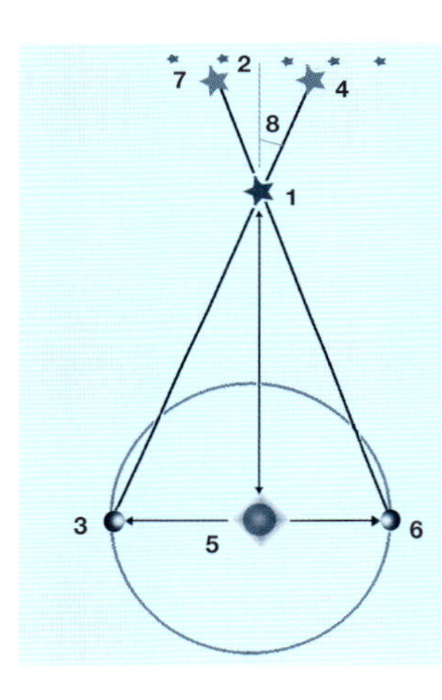

視差を用いて恒星までの距離を測定する

1 太陽系の近くにある手前の恒星
2 背景に見えている遠くの恒星
3 地球（1回目の測定時）
4 恒星の見かけの位置（1回目の測定時）
5 軌道の反対側までの距離は約3億キロメートル
6 地球（半年後、2回目の測定時）
7 恒星の見かけの位置（2回目の測定時）
8 「視差角」から手前の恒星までの距離がわかる

ドイツのフリードリヒ・ベッセルは1838年、視差という現象を用いて、史上初めて恒星までの距離を正確に測定しました。近くにある恒星の場合、半年おいて2回観測すると、夜空における見かけの位置がわずかに変わります。なぜなら、私たちの地球は太陽の周りを公転していて、半年で約3億キロメートル移動するからです。

そこでベッセルは、はくちょう座61番星の角度変化を測定し、三角測量の原理で距離（約9.8光年）を算出しました。現代では人工衛星からの視差測定が行われており、10万個以上の恒星の距離が計算されています。

もっと遠くにある恒星の測定には別の方法が必要になります。一部の変光星※を「標準光源」として利用するのです。その見かけの明るさは距離に応じて暗くなりますが、真の明るさは変光周期から正確にわかるので、見かけの明るさと真の明るさを比較して、その変光星までの距離を求めることができます。遠くの銀河であれば、銀河自身が発する光の色を調べる方法が使えます。宇宙はビッグバン以来、膨張を続けており、遠くの銀河ほど速く遠ざかっているため、光の波長が長く引き伸ばされているのです。

※変光星は、明るさが変化する恒星。ここでは、周期的に膨らんだり縮んだりして明るさを変える脈動変光星の一種を用いる

恒星の進化

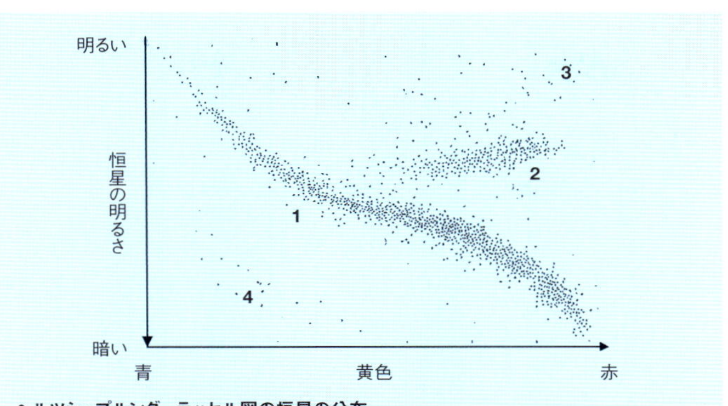

ヘルツシュプルング－ラッセル図の恒星の分布

1　主系列星：中心核で水素が燃焼している恒星。帯（主系列）のどこに位置するかは、恒星の質量によって決まる

2　赤色巨星：老齢期に入って膨張した明るい恒星

3　超巨星：大質量星は年を取ると膨張して超巨星になる

4　白色矮星：太陽のような恒星は燃え尽きたあと、高温だが暗い中心核が残って白色矮星になる

恒星の進化とは、恒星が年を取るにつれて変化していくことです。ガス雲が自らの重力で収縮した結果、恒星は誕生します。恒星の運命をいちばん左右する要素は質量であり、大質量の恒星は、わずか数百万年で超新星爆発（p.170参照）を起こして吹き飛び、若くして短い命を終えます。一方、小質量の恒星は、理論上は何千億年も輝いていられます。

太陽は中質量の恒星で、寿命はおよそ100億年です。今は生涯のほぼ半ばにあり、中心核で水素の核融合を起こしてエネルギーを得る「主系列」という段階にいます。恒星は一生のほとんどを、この主系列の段階で過ごします。

恒星進化のおもな段階はヘルツシュプルング－ラッセル図※で表せます。等級や光度（明るさ）と色との関係をプロットしたこの図を見れば、恒星の進化のパターンが明らかです。恒星の終末の迎え方はさまざまですが、太陽の場合は、最後には非常に高密度の白色矮星となります。地球とほぼ同じ大きさの、高温の球体となったのち、徐々に冷えて暗くなるのです。

※略称「HR図」で呼ばれる場合も多い

超新星

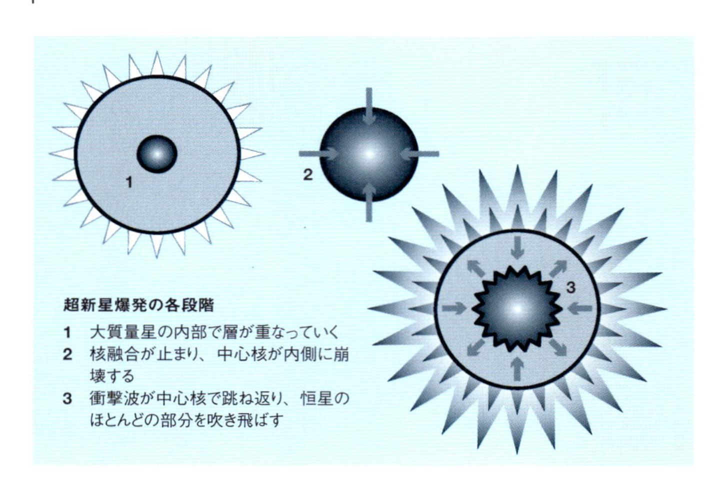

超新星爆発の各段階

1 大質量星の内部で層が重なっていく
2 核融合が止まり、中心核が内側に崩壊する
3 衝撃波が中心核で跳ね返り、恒星のほとんどの部分を吹き飛ばす

超新星とは恒星が明るく輝いて爆発する現象であり、恒星のほとんどの部分が吹き飛びます。「重力崩壊型の超新星」は、質量が太陽の8倍以上ある恒星が死を迎えたことを意味します。核融合反応によって、恒星の中心核には重元素が徐々に増えていき、燃料を使い果たすと外向きの圧力が弱まって、中心核が自らの重みで突如崩壊し、場合によってはブラックホール（p.175参照）になります。次に外向きの衝撃波が発生し、恒星の大気が劇的に吹き飛ばされるのです。

この崩壊に関連した現象に「ガンマ線バースト」があります。1960年代から人工衛星によって検出されている強力なガンマ線の閃光（せんこう）で、そのほとんどは高速自転する超大質量の恒星が崩壊し、ブラックホールとなったときに放出されたものだと考えられています。

ほかに、「Ia型超新星」という超新星もあります。小さくて密度の高い白色矮星が伴星から物質を「奪う」か、あるいは、別の白色矮星と合体するかして、質量が増加した結果起こります。合計質量が太陽の約1.38倍に達すると不安定になり、崩壊して大量のエネルギーを放出するのです。

系外惑星（太陽系以外の惑星）

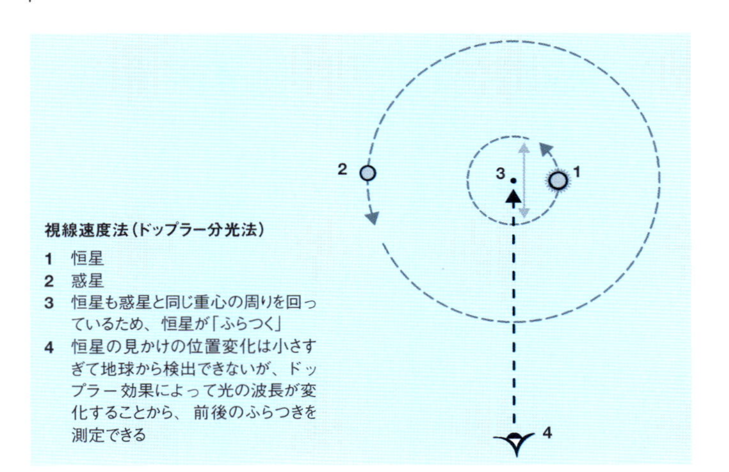

太陽以外の恒星の周りを回っている天体を系外惑星といいます。1990年代半ば以降、銀河系（天の川銀河）内で500個以上※の系外惑星が発見されており、惑星が宇宙でいかにありふれた存在かわかります。

系外惑星はおもに「視線速度法」で検出されています。恒星の周りを回る見えない惑星の引力によって、恒星が前後にふらつく様子を、ドップラー効果（p.23参照）を利用して調べるのです。「トランジット法」という方法もあり、恒星の手前を暗い惑星が横切るときに、恒星の光がわずかに弱くなることを利用して惑星を探します。画像に直接収められた系外惑星は、まだほんの一握りです。

これまでに見つかった系外惑星の多くは、太陽系の惑星とはまったく似ていません。わずか数日の周期という猛烈なスピードで恒星を公転している巨大な惑星「ホット・ジュピター」や、地球の数倍の質量をもつ岩石惑星「スーパー・アース」のほか、中性子星（p.176参照）を周回している系外惑星まで見つかっています。究極の目的は、太陽のような「普通」の恒星の周りを回る、地球に似た居住可能な惑星を見つけることです。

※原著制作時の状況。2019年現在、4000個を超える系外惑星が見つかっている

167

銀河系(天の川銀河)

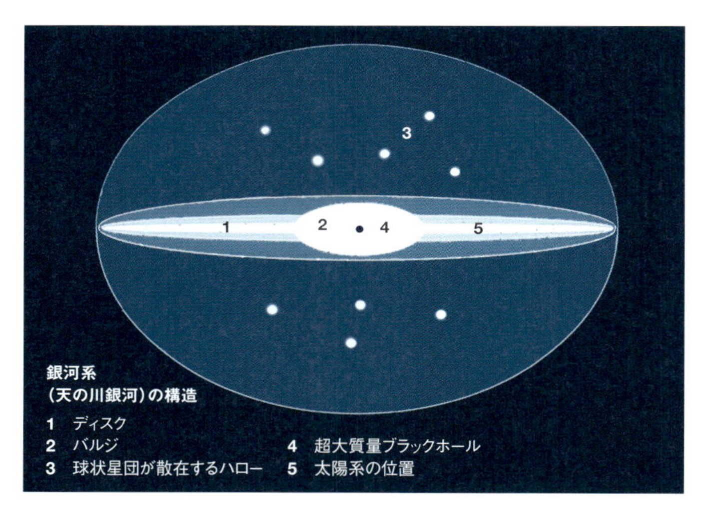

銀河系
(天の川銀河)の構造

1 ディスク
2 バルジ
3 球状星団が散在するハロー
4 超大質量ブラックホール
5 太陽系の位置

銀河系(天の川銀河)は、私たちが住んでいる太陽系を含む、約4000億個の恒星からなる大きな渦巻(うずまき)銀河です。

銀河系の大半の恒星は、2つの目玉焼きを背中合わせにしたような構造の中にあります。恒星からなる、大きな円盤状の「ディスク」(卵の白身)は直径がおよそ10万光年あり、その中央に恒星が密集して膨らんだ「バルジ」(黄身)、さらにその中心に超大質量ブラックホールが存在します。ディスクからは明るい渦状腕(かじょうわん)が何本か伸びており、そこでは濃いガスによって星形成が活発に行われています。太陽系はディスク内の、銀河系の中心から約2万6000光年の距離に位置し、公転周期は2億3000万年です。

銀河系のディスクを包むようにハローという大きな球状の領域があり、その中には年老いた恒星や、恒星が球形に強く結びついた球状星団が存在します。そして、その銀河系全体を目に見えない暗黒物質(p.182参照)の雲が囲んでいます。夜空に横たわる濃い星の帯「天の川」は、銀河系のディスクを横から見た姿です。

銀河の種類

ハッブルの「音叉図」による銀河の分類

1 楕円銀河は扁平率によってE0～E7に分類される
2 レンズ状銀河は、渦巻銀河のような中心部とディスクだけで渦状腕をもたない
3 通常の渦巻銀河は、渦状腕の巻き込み具合によってSa～Scに分類される
4 棒渦巻銀河は、中心部の恒星が明るい棒状に密集しており、SBa～SBcに分類される

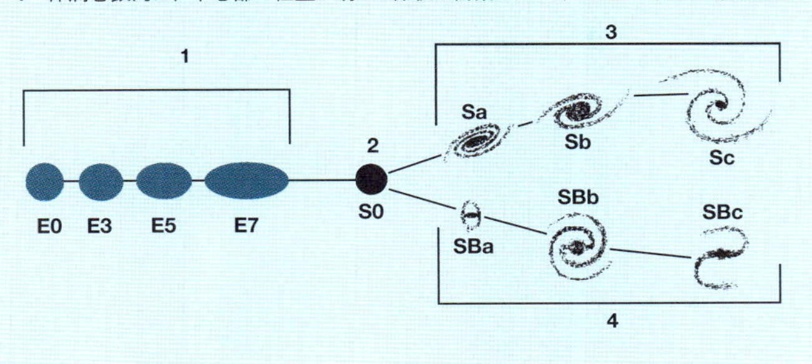

銀河とは、非常に多くの恒星が、相互にはたらく引力によって1つに結びつけられたものです。銀河には星間ガス、宇宙塵、大量の暗黒物質(p.182参照)なども含まれています。

銀河は大きく3つのタイプに分けられます。私たちのいる銀河系(天の川銀河)をはじめとする「渦巻銀河」は、星の集まりであるディスクから渦状腕が伸び、そこで活発に星がつくられています。

「楕円銀河」は球体もしくは楕円体をしており、知られているなかで最大級の銀河は楕円銀河です。渦巻でも楕円でもないものは「不規則銀河」に分類されます。

銀河同士は頻繁に衝突しており、その結果、ガスや塵が合わさって星形成が活発になり、新たに「スターバースト銀河」が生まれることがあります。膨大なエネルギーを放射している「活動銀河」(p.174参照)もあるものの、ほとんどの銀河は数十億個以下の恒星からなる暗い「矮小銀河」です。銀河自体も互いの引力で集まって銀河団を形成し、さらに銀河団が集まって、数億光年以上の広がりをもつ超銀河団になります。

活動銀河

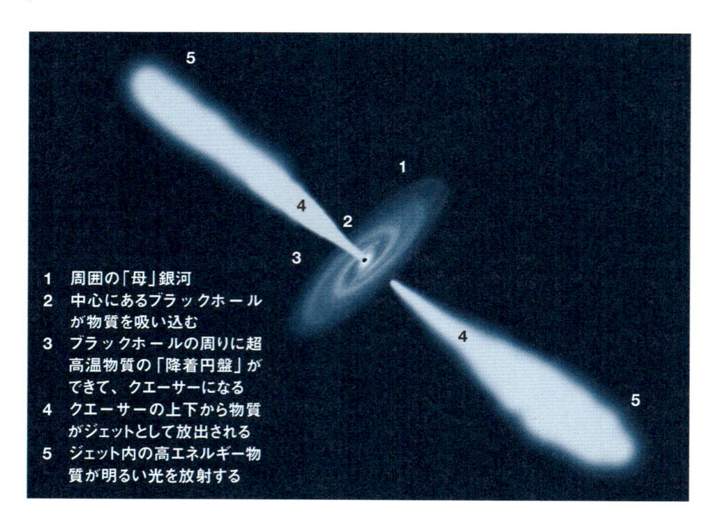

活動銀河は明るい中心核から大量のエネルギーを放射し、どの恒星よりも明るく輝いています。非常に明るいため、光が届くまで130億年以上かかるような遠くの活動銀河でも、地球から見ることができます。

活動銀河の中心核には超大質量ブラックホールがあり、ブラックホールの周囲にある恒星や星間ガスは、円盤状に渦を巻きながら吸い込まれていくと考えられています。この円盤内に取り込まれた物質は、ぐるぐる回転する間にとても高温になり、強力なエネルギーを発します。同時に、粒子が強力なジェットとなって円盤と垂直に噴出し、宇宙空間を数千光年の長さで双方向に伸びていくのです。

活動銀河は放射する光のパターンによって、クエーサー、セイファート銀河、ブレーザーなど、いくつかの種類に分類されます。しかし、これらは同じような天体を別の角度から見たものではないかと思われています。たとえば、ブレーザーはおそらく、一方のジェットがちょうど地球のほうを向いている活動銀河なのでしょう。

ブラックホール

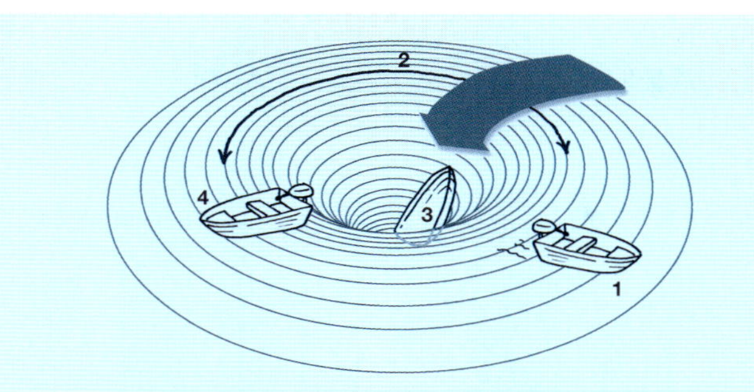

ブラックホールの近くを通る光は、渦潮の近くを通る船のように中心部に引き込まれる

1　事象の地平面の外側であれば、光は重力を振り切って脱出できる
2　事象の地平面
3　事象の地平面の内側では、重力が大きくて光は脱出できない
4　事象の地平面の境界では、光は「停止」する

ブラックホールは宇宙空間に開いた真っ暗な穴のようなもので、そこからは何も(光さえも)逃げ出せません。大質量の恒星が一生を終えるときに超新星爆発(p.170参照)を起こすと、高密度の中心核が残ります。この中心核は非常に重いため、自らの重さを支えられず収縮し、強力な重力のはたらく、超高密度の小さな点になります。これがブラックホールです。

ブラックホールの周りには「事象の地平面」という理論上の境界があり、そこを超えるともう引き返せません。その大きさは、静的ブラックホールであれば質量に比例し、質量が太陽の10倍あるブラックホールの場合、逃げ出せない真っ暗な領域は、直径約60キロメートルになります。

大きな銀河の中心部には、質量が太陽の数千倍から数十億倍もある重いブラックホールが潜んでおり、誕生の仕組みは不明ですが、おそらく小さなブラックホールがいくつも合体したのだろうと考えられています。ブラックホールは光を発しないため見えませんが、ブラックホールの重力が近くの星に及ぼす影響を観測したり、吸い込まれていくガスや塵が放射するエネルギーを検出したりすることで、その存在を知ることが可能です。

中性子星とパルサー

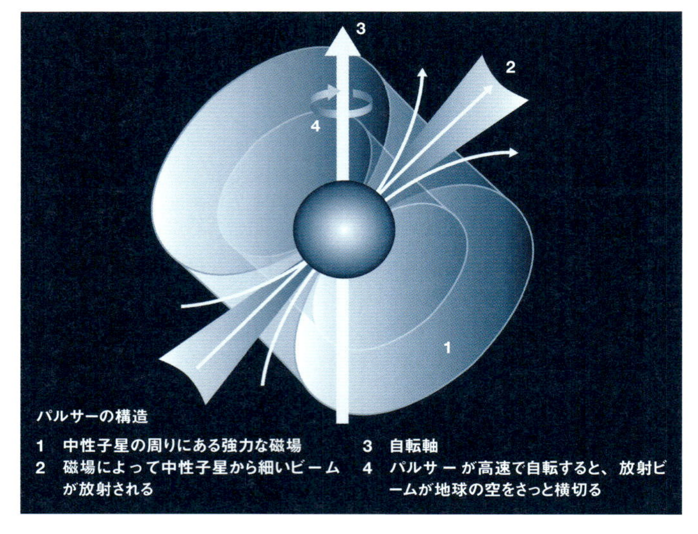

パルサーの構造

1　中性子星の周りにある強力な磁場
2　磁場によって中性子星から細いビームが放射される
3　自転軸
4　パルサーが高速で自転すると、放射ビームが地球の空をさっと横切る

中性子星は、重力崩壊型の超新星爆発（p.170参照）の後に残される、非常に高密度に収縮した天体です。収縮した中心核の質量が太陽の1.4～3倍なら中性子星に、それより重ければブラックホールになります。

中性子星は質量が大きいために、自らの重力で通常の物質が圧縮されて超高密度の中性子のスープになっており、その周りを鉄の原子核からなる固体の殻が包んでいます。一般に直径は15キロメートル程度で、自転速度が非常に速く、なかには自転周期が数ミリ秒というものもあります。中性子星の中心核にある物質は、ティースプーン1杯の質量が約10億トンにもなります。中性子星には強力な磁場もあるため、粒子が加速され、両極から細くて明るいビームとして放射されます。

パルサーと呼ばれるのは、たまたま検出しやすい方向を向いている中性子星です。自転のたびに明るい放射が地球を横切るため、望遠鏡で観測すると、周期的にこちらを照らす灯台の光のようなパルスが見えるのです。

ワームホール

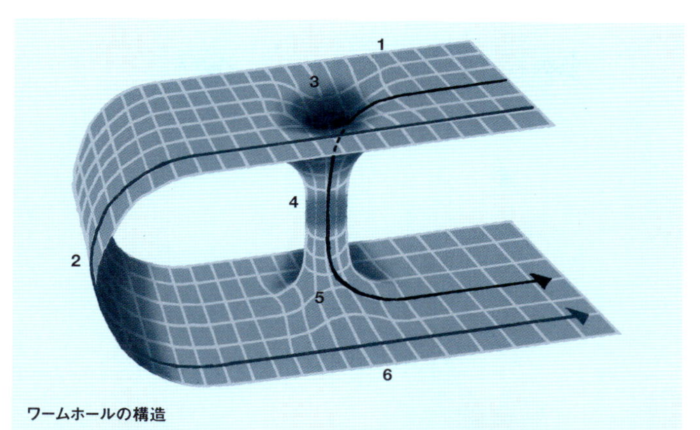

ワームホールの構造

1 近くの時空領域
2 通常の空間を通る道
3 ブラックホール
4 ワームホール
5 仮想の「ホワイトホール」
6 遠くの時空領域

ワームホールは時空を貫く奇妙な仮想のトンネルで、この近道を通れば、ある場所から別の場所へ光よりも速く移動できるといいます。ワームホールが存在するという観測証拠は見つかっていませんが、アインシュタインの一般相対性理論(p.11参照)によれば、存在する可能性は残っています。

ブラックホール(p.175参照)と仮想の「ホワイトホール」が、ワームホールでつながっているという説もあります。ホワイトホールとは、ブラックホールと逆のはたらきをする天体であり、物質を吐き出すだけで、何も取り込みません。ブラックホールに飛び込めば、この宇宙のどこかほかの場所に、あるいは、まったく別の宇宙のどこかに飛び出すというのです。

通り抜けられるワームホールを理解するには、U字に曲げた1枚の紙を思い浮かべるとよいでしょう。ワームホールは2つの面をつなぐトンネルのようなもので、ここを通れば、「通常の空間」にあたる紙の曲面に沿って移動するよりも近道になります。ただし、ワームホールが実際に存在するかといえば、それは非常に疑わしいとされています。

ビッグバン

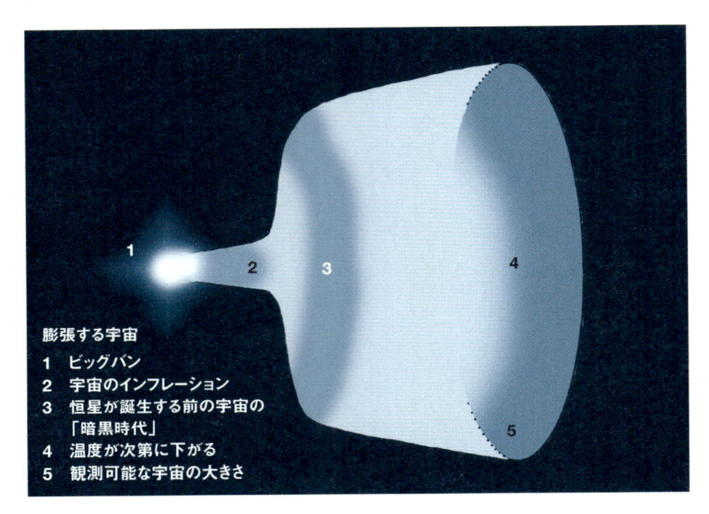

ビッグバンとは約137億年前※に起こった大爆発のことで、これにより宇宙が誕生しました。この説の信憑性（しんぴょうせい）が増したのは1920年代、宇宙の膨張により、ほかの銀河が壮大なスケールで遠ざかっていることが発見されてからです。つまり、遠い昔には物質が1カ所に集まっていたはずであり、宇宙の起源は想像を絶するほど高密度の状態だったことがわかります。

現代の理論では、ビッグバン直後の「宇宙のインフレーション」という瞬間に、宇宙は指数関数的に急膨張したと考えられています。その後、膨張速度が遅くなるとともに、高密度の火の玉だった宇宙は次第に冷えて、陽子や中性子といったおなじみの粒子が生まれ、次に原子核が、最後に中性原子ができました。これがビッグバンの約40万年後です。特に高密度だった領域はやがて重力で収縮し、恒星からなる銀河が生まれました。

初期宇宙に関しては、「宇宙マイクロ波背景放射」（p.179参照）からも多くの情報が得られます。しかし、そもそも何がビッグバンを引き起こしたのかは、まだ解明されていません。

※原著制作時の定説。2019年現在、約138億年前とされている

宇宙マイクロ波背景放射

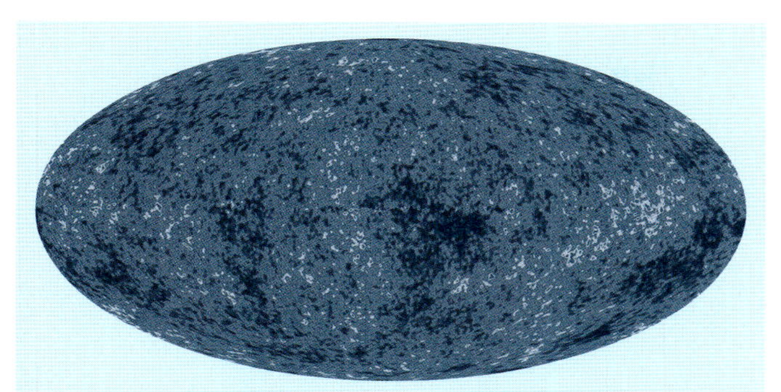

NASAのウィルキンソン・マイクロ波異方性探査機（WMAP）が作成した全天の地図。これによって、マイクロ波背景放射の詳細な温度ムラ（さざ波）が明らかになった。暗い部分は初期宇宙で物質がまばらだった領域を示し、明るい部分は物質が塊になっていた領域を示す。この塊が初期の銀河をつくる種となった

宇宙マイクロ波背景放射はビッグバン（p.178参照）の名残です。現在では宇宙全体に広がっており、初期宇宙の状態を探るのに欠かせないツールになっています。

ビッグバンで誕生した膨張する火の玉は、非常に密度が高かったため、光子（フォトン）はその内部に閉じ込められた状態でした。しかし、宇宙誕生から40万年後、火の玉が約3000℃にまで冷えて中性原子が生まれると、火の玉の熱が突然、橙赤色（とうせきしょく）の光となって、宇宙のあらゆる方向にどっと流れ出ました。この放射は現在でも観測できますが、宇宙の膨張で波長が伸ばされた結果、目に見えないマイクロ波になっています。

空のあらゆる方向からやってくる宇宙マイクロ波背景放射は、全銀河の背景に貼られた壁紙のようなものです。人工衛星の測定結果から、この放射にはかすかな「さざ波」（波長の小さな揺らぎ）があることが明らかになりました。これは、初期宇宙において物質が塊になっていたことから生じたものです。宇宙マイクロ波背景放射には、宇宙の年齢、膨張率、組成など、宇宙の歴史に関する情報が驚くほど豊富に含まれています。

175

宇宙

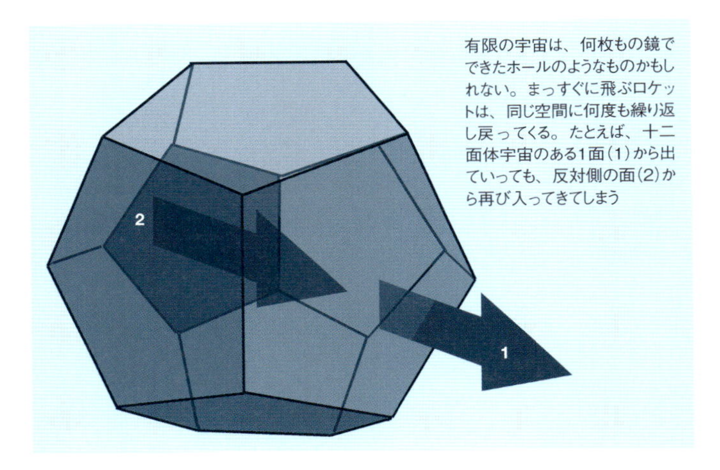

有限の宇宙は、何枚もの鏡でできたホールのようなものかもしれない。まっすぐに飛ぶロケットは、同じ空間に何度も繰り返し戻ってくる。たとえば、十二面体宇宙のある1面（1）から出ていっても、反対側の面（2）から再び入ってきてしまう

宇宙とは、存在するあらゆる空間、物質、エネルギーの総体のことです。宇宙がビッグバン（p.178参照）で誕生して以来、いくつもの銀河がその中で生まれ、大きなフィラメント状に分布し、そのフィラメントがつながって巨大な「宇宙のクモの巣」になっています。

宇宙の質量とエネルギーは、大部分（73%）を不可解な暗黒エネルギー（p.183参照）が占め、23%を正体不明の暗黒物質（p.182参照）が占めています。恒星、惑星、人間などをつくっているごく普通の物質は、残りわずか4%ほどにすぎません。

観測結果から、宇宙の直径は780億光年以上あると考えられます。宇宙が有限だと仮定した場合、宇宙に端があるという説よりも、空間はループになっているという説が支持されています。つまり、ロケットがまっすぐに飛んでいくと、結局はスタート地点に戻ってくるというのです。十二面体などの形が無限に繰り返されていると考える宇宙モデルもあります。

あるいは、宇宙は無限かもしれません。もしそうならば常に無限だったはずで、ビッグバンも無限の空間で起こったことになります。

重力レンズ

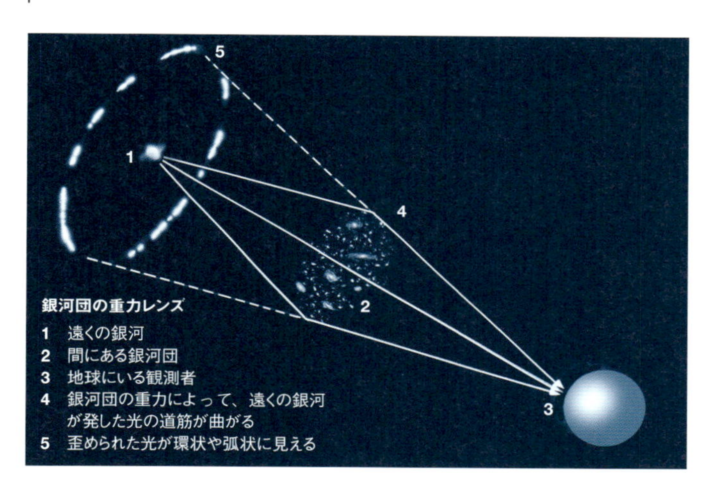

重力レンズとは、手前の天体によって、背後にある天体からの光が曲げられたり明るくなったりする現象であり、一般相対性理論(p.11参照)の中で予言されていました。

銀河の手前に巨大な重力をもつ銀河団があるとき、重力レンズの効果は劇的なものになります。この効果を「ズームレンズ」として利用すれば、地球に光が届くまで130億年以上かかるような遠くの銀河も検出できます。まれに銀河団の真後ろに銀河があると、重力レンズによって、アインシュタインリングというきれいな環状の像が見えます。

マイクロレンズという規模の小さな同様の効果によって、系外惑星(p.171参照)が新たに見つかることもあります。ある恒星が別の恒星の前を横切るとき、手前の星によって背後の星の明るさが変化するので、この変化を正確に観測すれば、手前の星を周回する惑星の手掛かりがわずかに得られるのです。奇妙な話ですが、この効果を用いれば、目に見えない恒星を周回する目に見えない惑星をも検出できます。手前の「レンズ星」の光が非常に弱くて見えない場合でも、この手法は使えるということです。

暗黒物質(ダークマター)

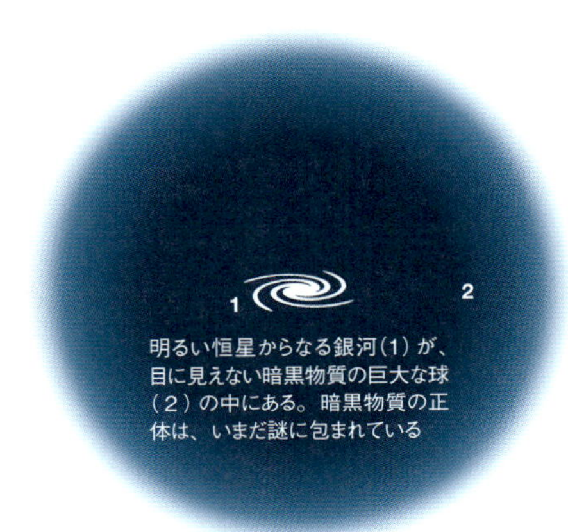

明るい恒星からなる銀河(1)が、目に見えない暗黒物質の巨大な球(2)の中にある。暗黒物質の正体は、いまだ謎に包まれている

暗黒物質とは目に見えない謎の物質で、宇宙の全物質の約85%を占めています。なぜ暗黒物質の存在が推測できるかといえば、目に見える恒星や銀河に強力な重力を及ぼして、その動きに影響を与えるからです。

1930年代以降、多くの銀河内で恒星が非常に高速で移動している証拠が次々に見つかり、それでも銀河が散り散りにならないのは、目に見えない暗黒の物質がもつ重力で、1つにまとまっているからだと考えられるようになりました。どんな望遠鏡も暗黒物質をとらえられないのは、恒星、惑星、人間などを構成する通常の原子と違い、まったく見えず光を放出も反射もしないからです。暗黒物質は「弱く相互作用する重い粒子(WIMP)」であり、このWIMPが球状に集まって銀河を包んでいるという説もあります。

なぜ銀河が散り散りにならないのかという謎に、別の説明を与えるのが「修正ニュートン力学(MOND)」です。この力学では、距離が大きくなると重力の影響の仕方が変わると想定しているので、恒星や銀河の動きを説明するのに暗黒物質は必要なくなります。しかし、今のところMOND説は、すべての天文観測結果を同時に説明できるほど万能ではありません。

暗黒エネルギー（ダークエネルギー）

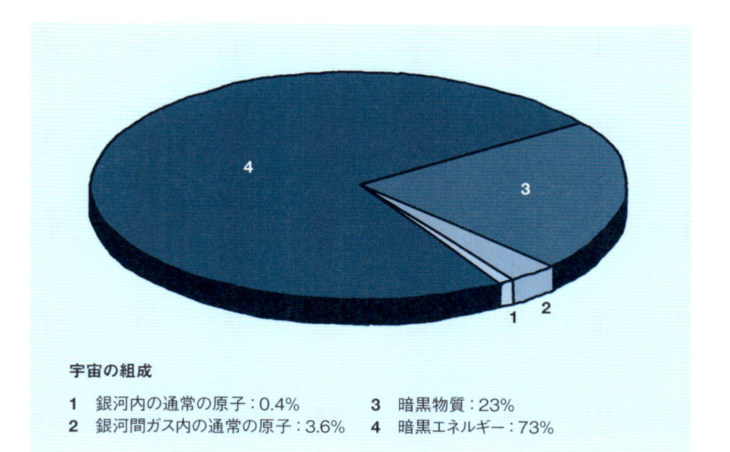

暗黒エネルギーとは、宇宙の膨張を加速させている、正体不明の奇妙なエネルギーです。観測結果から、宇宙の全エネルギーの73%を占めることがわかっており、宇宙の主成分とされています。

宇宙はビッグバン（p.178参照）以降膨張を続けていますが、1990年代半ばまでは、宇宙内部の全物質が重力で引き合うことで膨張が抑えられ、膨張速度は徐々に落ちていると考えられていました。しかしその後、遠方にあるIa型の超新星（p.170参照）を調べたところ、予想よりも暗かったことから、宇宙の膨張はむしろ加速していることが明らかになりました。

つまり、宇宙には銀河を引き離そうとする「暗黒エネルギー」が含まれていることになります。暗黒エネルギーの正体は空間を「バネ」に変える真空エネルギー、「宇宙定数」ではないかという説もあります。あるいは、空間は奇妙な「クインテッセンス」で満たされていて、これが負の重力質量をもつかのように振る舞う結果、反発力が生じているとする説もあります。NASAと欧州宇宙機関は、暗黒エネルギーの研究をさらに進めるべく、宇宙探査機によるミッションを計画しています。

ロケット工学

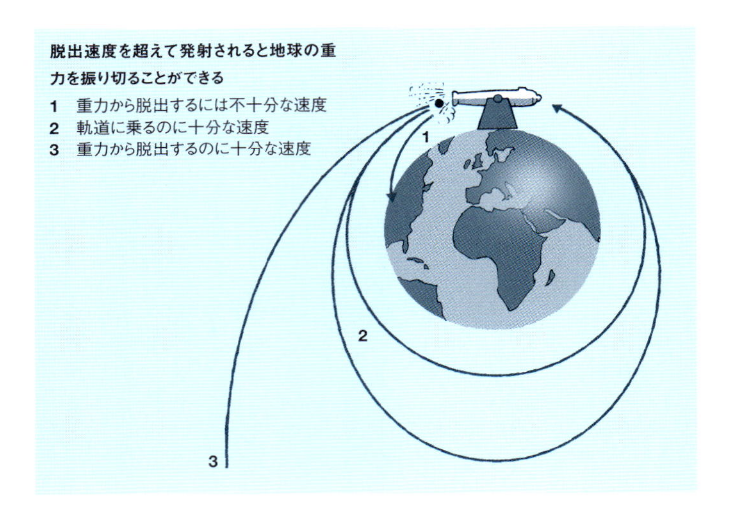

ロケット工学とは、人工衛星の打ち上げや惑星探査、宇宙飛行士の月面着陸など、宇宙時代のあらゆる偉業を可能にした技術です。ロケットはすべて、ニュートンの運動の第三法則(p.7参照)である作用・反作用の法則を利用して、推進剤を後方に勢いよく噴射することで前に進みます。この推進力を得るために、大半のロケットは液体もしくは固体の燃料を燃焼させています。

第二次世界大戦と冷戦によって、軍用ロケットの開発とそれに続く宇宙開発競争は加速しました。弾道ミサイルとして開発されたドイツのV2ロケットが、人工物として初めて弾道飛行で宇宙空間に到達し、1957年には世界初の人工衛星、スプートニク1号が旧ソ連のロケットによって打ち上げられました。そして、1961年には有人宇宙飛行が始まります。

地球の重力を振り切って地球から飛び出すためには、脱出速度と呼ばれる速度に達する必要があります。地表からの脱出速度は秒速約11.2キロメートルであり、これはジェット機の最高記録速度のおよそ10倍に相当します。

人工衛星

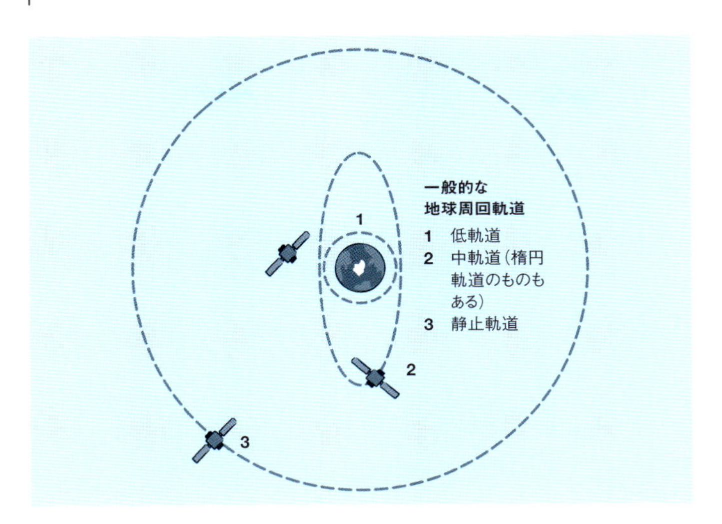

人工衛星とは、地球軌道を周回する宇宙機（または、別の惑星や月を周回する探査機）のことです。地球軌道上には現在、通信、航行、天気予報などの目的で稼働中の人工衛星が900機以上[※1]あります。

人工衛星を軌道に乗せるのに必要な速度は、地球の重力を振り切って脱出するほど速くなく、地球に落ちてしまうほど遅くもない速度と決まっています。地表のクローズアップ画像を得られるほどの低軌道にも、軍事用の偵察衛星など、多くの人工衛星が乗っています。

通信衛星はほとんどが地球の赤道上空、高度およそ3万5786キロメートルの静止軌道を周回しています。この高度にあれば1周するのに24時間かかるので、地球が自転しても同じ地点の上空に止まっているように見え、通信リンクを固定しておけるのです。

現在、私たちの頭上には5000トン以上[※2]の人工物が周回しています。しかし、その大半が多段ロケットの切り離された残骸など、役に立たない「宇宙ゴミ」であり、稼働中の人工衛星に衝突して破損させるおそれがあります。

※1 原著刊行後に増え、2019年現在は5000機近く
※2 2019年現在は7600トン以上

惑星探査機

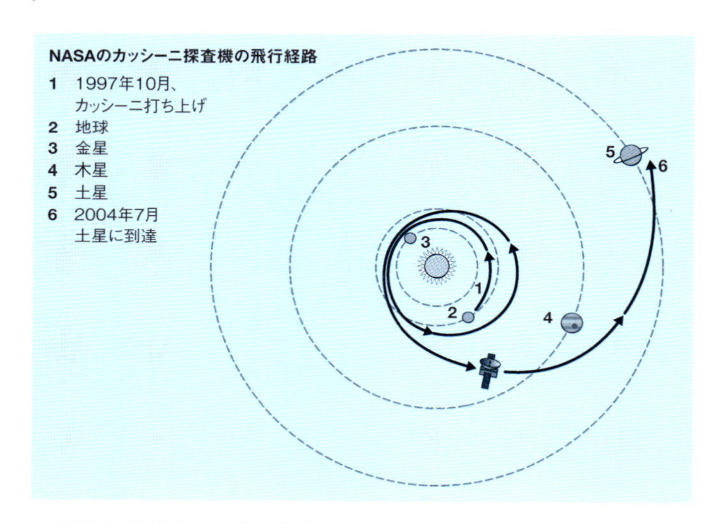

惑星間の探査が本格的に始まったのは、1959年、旧ソ連が探査機ルナ2号を月に衝突させることに成功してからです。1970年に金星に着陸した旧ソ連のベネラ7号は、初めて地球以外の惑星からデータを送信し、1971年に火星に到達したNASAのマリナー9号は、初めて地球以外の惑星の軌道に乗りました。

一部のミッションでは、ロボットを使って地球外のサンプルを集め、分析するために地球にもち帰りました。1970～1976年に月の土壌サンプルをもち帰った旧ソ連による3つのミッションや、2006年に彗星から塵のサンプルをもち帰ったNASAのスターダスト計画、2010年に小惑星のサンプルをもち帰った日本のはやぶさ計画などがあります。

20世紀後半に試みられた火星探査はほとんどが失敗に終わりましたが、ここ10年は成功率が劇的に上がっています。NASAのロボット探査車、スピリットとオポチュニティは、想定の20倍を超える6年以上もの間※、火星上で稼働しました。

※原著制作時の状況。結局、スピリットは6年以上、オポチュニティは14年以上稼働した

有人宇宙飛行

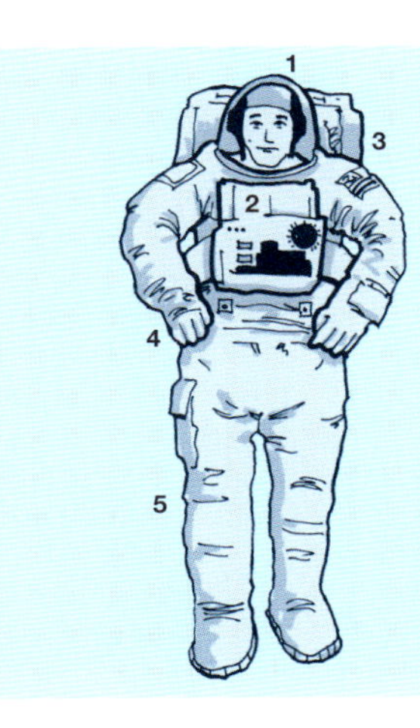

船外活動用の宇宙服

1 通信用無線機がついたヘルメット
2 各機器を調節する小型端末
3 酸素供給などを行う生命維持装置
4 グローブ
5 液体冷却および換気の機能を備え、内部気圧が調整されたスーツ

有人宇宙飛行は1961年4月、旧ソ連のボストーク1号に乗ったユーリイ・ガガーリンが、108分で地球を1周したのが最初です。ガガーリンが無事に帰還したことで、宇宙飛行をすれば人間は命を落とすのではないかという心配は払拭されました。

その翌月にはアラン・シェパードが米国初の宇宙飛行に成功しました。続くNASAの驚くべきアポロ計画では、1969年に人類初の月面着陸に成功し、1969～1972年の間に合計12人が月に降り立ちました。

1986～2001年、ミール宇宙ステーションを運用していた旧ソ連(および、のちのロシア)は、地球を周回する宇宙ステーションで優れた実績を残しました。宇宙飛行士はときに1年を超えてミールに滞在しました。

NASAのスペースシャトルは130回以上、乗組員を宇宙に送り込みました。最初は再利用できるスペースシャトルが5機ありましたが、1986年と2003年の事故で2機が破壊され、計14人の宇宙飛行士も命を落としました。中国が2003年、単独で宇宙飛行士を宇宙へ送り込んだ3番目の国となったほか、多くの国が国際宇宙ステーションの共同運用に加わっています。

アナログコンピュータとデジタルコンピュータ

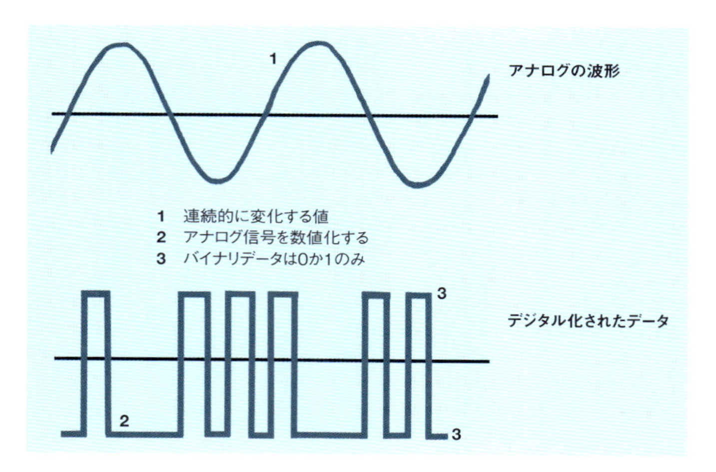

アナログコンピュータは旧式のコンピュータで、電流の強さやダイヤルの機械的な回転（トルク）など、連続的に変化する値を使って演算します。一方、最新のコンピュータはデジタル技術を利用しています。情報をビットやバイト、すなわち0と1が並ぶ2進数（バイナリ）で表し、ON/OFF、True/Falseを切り替えるのです。

アナログコンピュータの歴史は古く、古代ギリシャ時代、紀元前150～100年に製造され、天体の位置の測定に使われたアンティキティラ島の機械が最古とされています。1900年代の中頃になると、計算に電子回路を使用するアナログコンピュータが開発されました。そうしたコンピュータは1960年代もまだ現役で、NASAのアポロ計画でも人類を月へ送るために大いに活躍しました。

初期のデジタルコンピュータは、当初は大きな「真空管」を、のちにはトランジスタを使って電流を切り替え、計算を実行していました。集積回路（p.189参照）の発明はコンピュータ技術に革新をもたらし、やがて小型で高性能のデスクトップコンピュータが登場することとなります。

184

集積回路(IC)

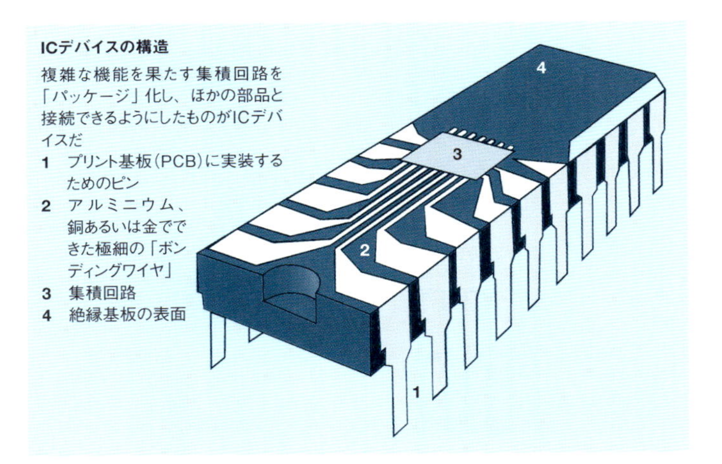

ICデバイスの構造

複雑な機能を果たす集積回路を「パッケージ」化し、ほかの部品と接続できるようにしたものがICデバイスだ

1 プリント基板(PCB)に実装するためのピン
2 アルミニウム、銅あるいは金でできた極細の「ボンディングワイヤ」
3 集積回路
4 絶縁基板の表面

集積回路(IC)は半導体ウェハー※上の小さな電子回路です。1958年、米国テキサス・インスツルメンツ社のジャック・キルビーによって、世界初の集積回路が発明されました。今ではコンピュータや携帯電話、ナビゲーションシステムなど、身の回りのいたるところで使用されています。

デジタルコンピュータは情報を0と1の2進数で表し、トランジスタによってON/OFFを切り替えることで演算します。集積回路には、演算に必要な電子回路が小型化されてまとまっています。半導体ウェハー上に電子回路をフォトリソグラフィ技術で「印刷」するので、トランジスタを1つずつ作り込むのに比べ、コストも抑えることができます。まず、ウェハー上を「フォトレジスト」でコーティングし、紫外線によるエッチング加工で電子回路のパターンを刻み込みます。その後、さらにエッチングを施し、導電できるよう道をつくれば完成です。

最近の集積回路は、わずか5ミリメートル平方の中に人の毛髪の幅よりも小さいトランジスタを何百万個も実装し、毎秒数十億回もON/OFFを切り替えています。

※集積回路の製造によく使われる、シリコンの板。半導体についてはp.66参照

コンピュータアルゴリズム

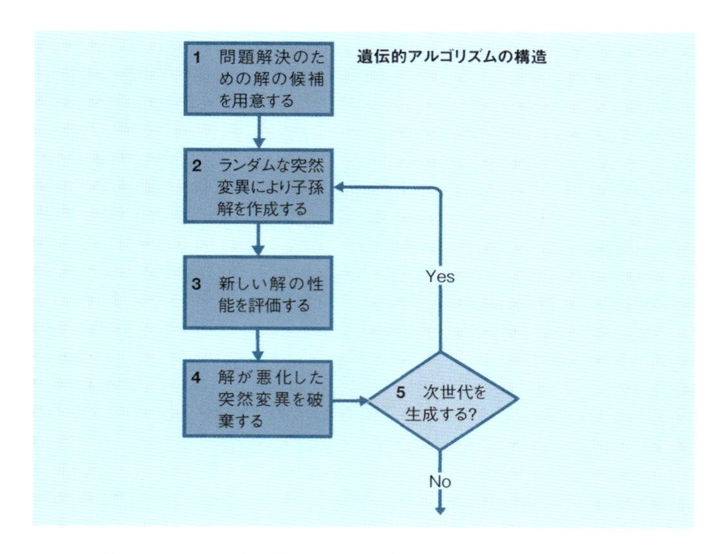

コンピュータのアルゴリズムは問題を解決するための手順で、一連の命令から成り立っています。たとえば、給与計算と結果表示の方法をコンピュータに指定します。実際はかなり複雑ですが、簡単な例を以下に示します。省エネタイプの電灯を夜間に点灯させるためのアルゴリズムです。

(1) 暗い？ Yesならば(2)へ、Noならば(3)へ
(2) 明かりをつけて(3)へ
(3) 終了

「遺伝的アルゴリズム」(上図参照)は生物の自然選択(p.98参照)をモデルにして進化します。あるタスクを実行するための手順をテストして、適合を評価したうえで、ほかのアルゴリズムの属性を取り込んで「繁殖」し、その「子孫」の中でもっとも適合度の高いものがまた繁殖します。このプロセスを繰り返して、タスクに最適なアルゴリズムへと「進化」するわけです。

ニューラルネットワーク

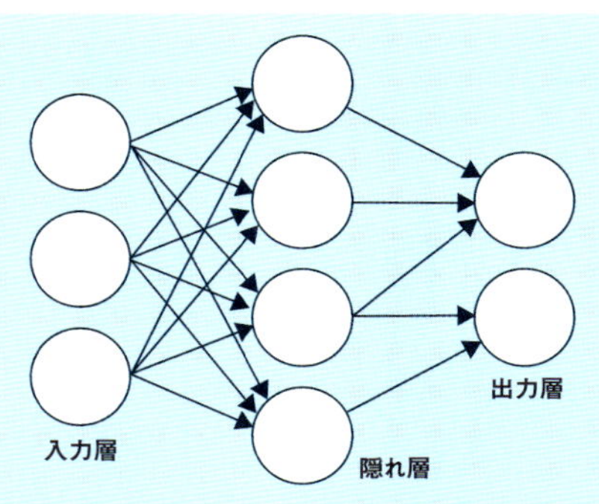

単純なニューラルネットワークは、処理ユニット「シナプス」がいくつも相互に接続した構成で、それぞれが各種パラメータ（変数）を「重みづけ」して保存する。シナプスにデータを入力すると、そのデータは1つまたは複数の「隠れ層」に送られ、そこで学習アルゴリズムを利用して重みづけされる。隠れ層での計算結果は、最後に出力シナプスで合成される

コンピュータサイエンスの分野でいうニューラルネットワークとは、生物の神経系における情報の処理方法をヒントに考えられた、情報処理のためのシステムです。処理にかかわる各要素が生物のニューロン（神経細胞）のように連結し、特定の問題の解決に向けて一体となってはたらきます。

従来型のコンピュータはアルゴリズム（p.190参照）を使って問題を解決しますが、うまくいくのは解決方法があらかじめわかっている場合に限られます。一方のニューラルネットワークは情報分析の「エキスパート」として、大量の雑多なデータの中からパターンを見つけ出すのが得意です。たとえば、データベースに入っている多くのハリウッド映画について特徴と興行収入を比較し、ヒット作と失敗作を分ける要素を特定できます。

ニューラルネットワークはまた、顔認識ソフトウェアにも使用されています。コンピュータであれば、画像分析によって目の形などの特徴を比較し、顔を認識できるようトレーニングすることができます。一方、ニューラルネットワークは顔とデータベース内の画像を照合し、決め手となる特徴がどこかを自ら学習できます。

量子コンピュータ

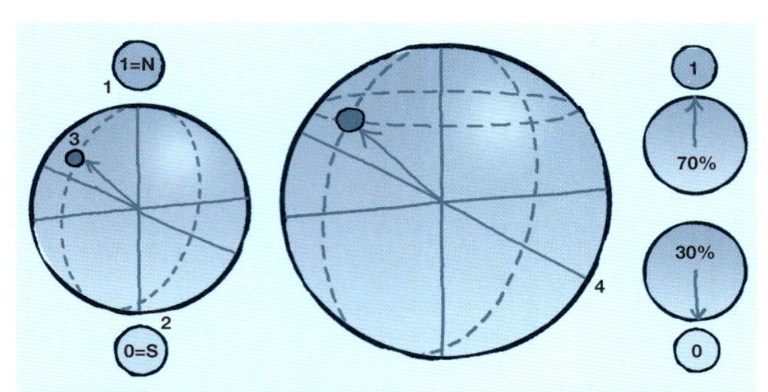

量子ビットにおける1と0の重ね合わせを説明する際、物理学者は球面上の緯度を例にとることがある。北極（1）を1、南極（2）を0とすると、その間の緯度（3）を1と0の重ね合わせと見なすことができる。その反対側の緯度（4）が確率を示しており、その確率に従ってこの量子ビットの重ね合わせを「測定」すると、古典ビットの1か0のいずれかになる

量子コンピューティングというのは、量子力学（p.35参照）の原理を利用してコンピュータの処理能力を飛躍的に高めるための方法ですが、まだ研究開発の初期段階にあります。

従来のコンピュータは情報を0と1が並ぶ2進数で保存しますが、量子コンピュータでは0、1、もしくはその2つを量子学的に重ね合わせて保存します。この量子の重ね合わせによるビット「量子ビット（キュービット）」を使えば、計算を大幅に高速化することができます。従来のコンピュータが3ビットで0～7のいずれかの数字を表すのに対し、量子ビットは3キュービットで0～7のすべてを表せるのです。このコンピュータが実現すれば多くの計算を並列処理できるので、今日のスーパーコンピュータがフル稼働して何百万年もかかる問題も解けるようになるはずです。

実験段階の量子コンピュータは量子ビットを使用し、5×3のような簡単な計算を実行していますが、量子コンピュータの実用化はもう少し先の話になります。「量子もつれ」（p.39参照）を生成して2つの量子を相関させるなど、実用化には複雑で精密な処理が求められるからです。

チューリングテスト

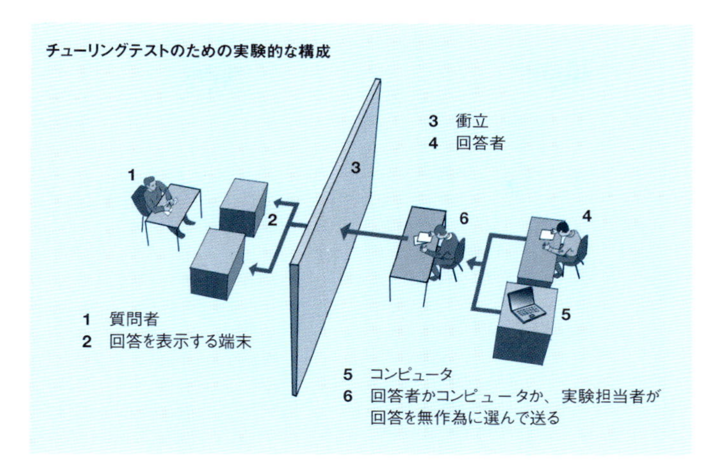

チューリングテストはコンピュータの知力を計測するためのものです。コンピュータの基礎を築き、第二次世界大戦の際には暗号解読に従事したイギリスの数学者、アラン・チューリングによって1950年代に提案されました。簡単にいえば、コンピュータがまるで人間のような応答をしたなら、そのコンピュータは人間並みの知力に達したと見なす、というものです。

このテストでは衝立（ついたて）を隔てて回答者と質問者を座らせ、回答者側に実験担当者が同席します。衝立の向こう側から質問者が質問を出し、回答者とコンピュータが同時に回答を書き入れます。実験担当者は回答を無作為に選んで質問者に送り、質問者が人間の回答かコンピュータによるものか区別できない場合に、そのコンピュータには人間並みの知力が備わっているとします。

チューリングは、コンピュータがいずれはこのテストに合格するようになると予測しました。今では、人間とやり取りしているかのように思えるメッセージやメールアプリをコンピュータで利用できるようになりましたが、厳格なチューリングテストに合格したものはまだありません。

ハードディスクドライブ（HDD）

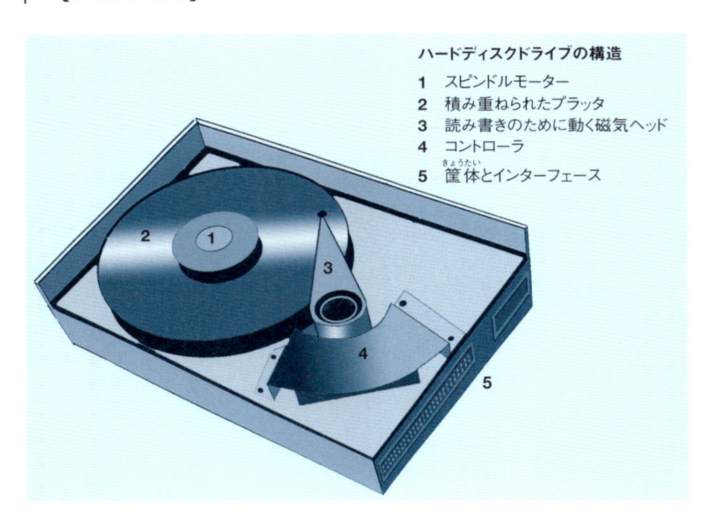

コンピュータやサーバのハードディスクドライブ（HDD）は、一度書き込んだら消えない形式で情報を保存するので、電源が入っていない間もデータを記録しておくことができます。HDDを構成しているのは、データを磁気的に保存するためのしっかりした円盤である「プラッタ」が複数枚と、プラッタに情報を書き込んだり読み出したりするための磁気ヘッドです。

この技術は1950年代に発明され、ぺらぺらのプラスチックフィルム上にデータを記録するフロッピーディスクとの対比で、「ハードディスク」と名づけられました。プラッタは普通アルミニウムかガラスでできており、磁気でデータを記録するための物質が塗布されています。データの消去や書き換えが簡単なうえ、長期にわたって保持することもできます。

プラッタは通常、毎分7200回という速度で回転し、磁気ヘッドを支えるアームは、ハブの中心からディスクの端まで毎秒50回も往復します。今ではメモリ容量が1.5テラバイト（1.5兆バイト）を超えるHDD※を搭載したデスクトップコンピュータも登場しています。

※原著制作時のもの。2019年現在、16テラバイトのHDDもある

190

フラッシュメモリ

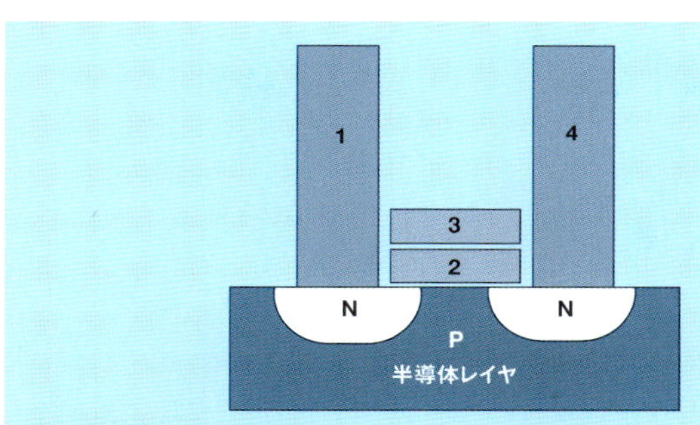

フラッシュメモリの「セル」の構造

1　電流が入ってくるソース線
2　絶縁されたフローティングゲートに電荷として情報を保存する
3　フローティングゲートの荷電状況によってソースからドレインへの電流の流れやすさが決まり、コントロールゲートでそれを管理する
4　電流が出ていくドレイン線

HDD（p.194参照）と同様、フラッシュメモリも電源が入っていないときもデジタル情報を保ち、「記憶」しています。HDDと異なる点は、フラッシュメモリには可動する部品がないことです。振動の影響を受けず、温度の大幅な変化や、ものによっては水没にも耐えられます。そのため、ポータブル機器に最適なメモリとされます。

フラッシュメモリはトランジスタのON/OFFを切り替え、情報を0と1の連続で表します。電源が入っていないと情報を「忘れる」従来のトランジスタとは異なり、フラッシュメモリに使用されているトランジスタにはゲートが1つ余分にあり（フローティングゲート）、そこに電荷を閉じ込めることによって情報を保持します。電荷を蓄えた状態が「1」と見なされ、あらためて電圧をかけて電荷を放出させると「0」と見なされます。

フラッシュメモリは携帯電話やMP3プレイヤー、デジタルカメラ、USBメモリなどに搭載され、ファイルのバックアップやコンピュータ間のファイル転送などに使用されています。32ギガバイトの容量をもつUSBメモリであれば、およそ20時間分の動画を保存できます。

光学記憶装置

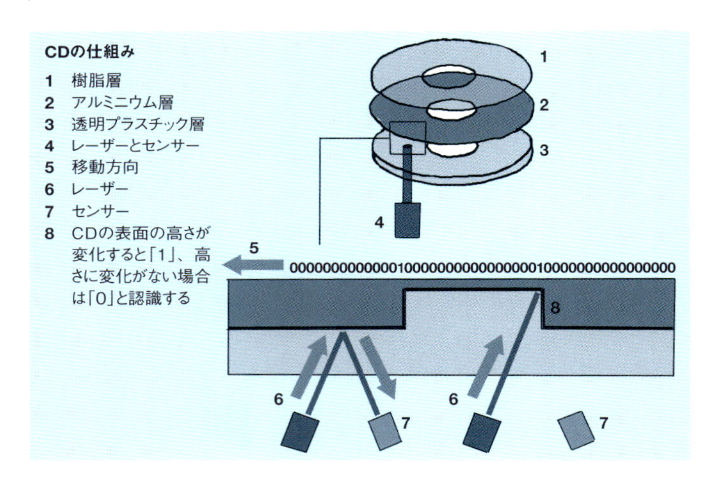

光学記憶装置とはCDやDVDなど、レーザーによってデータを読み出すものです。最近のデスクトップコンピュータには、こうした媒体の読み出しと書き込みの両方ができるドライブがついています※。

CDにもDVDにも、約12キロメートルにも及ぶ、長いらせん状の記憶領域があり、トラックと呼ばれています。らせんに沿って小さな溝が並んでいて、その凹凸が0と1に変換されたデジタルデータとなっているのです。データを読み出すときは赤色レーザーの反射を利用し、トラック上の高低差をセンサーが認識します。

書き込みができるCDドライブも、今ではとても身近になりました。一度しか書き込めないCD-Rは、透明染料でコーティングされており、レーザーを当ててこの染料を不透明にすることでデータを焼きつけます。一方、CD-RWは化学的にもっと複雑で、レーザーの熱によって書き込んだデータを消去できます。ブルーレイディスクにはDVDより多くの情報を記録できますが、これは青紫色のレーザーのほうが赤色より波長が短く、ごく小さな1カ所に高精度で光を集められるからです。

※原著刊行後に利用が減少し、2019年現在、ついていない製品もある

ホログラフィックメモリ

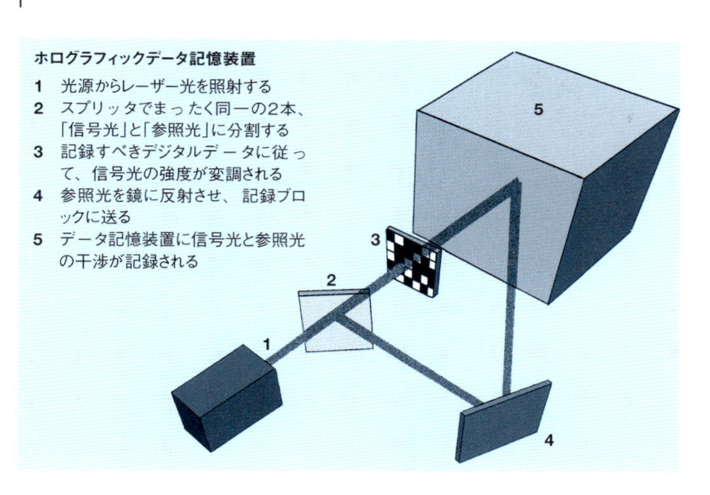

ホログラフィックメモリは大容量のデータ記憶装置として、いずれ革命を起こすかもしれません。大容量データを記録するものとしては、現在は磁気記憶装置や光学記憶装置（p.196参照）が一般的です。一次元の表面上にビット情報を記録し、1ビットずつ読み出す方法です。ホログラフィック技術の場合は、情報は三次元で記録され、しかも、同時に何百万ビットを読み出せるため、データ転送速度がはるかに上がります。

ホログラフィックメモリに記録するには、レーザー光を2本に分けます。1本は「信号光」で、生のバイナリデータが白黒の格子で表示されているフィルターで強度が変調されます。もう1本は「参照光」で、信号光と交わると干渉縞（p.34参照）ができ、それによって、感光性のクリスタルの中にデータをホログラムとして記録します。データの読み出し時には、保存時と同じ角度で参照光を照射し、クリスタル中のデータに正確に当てます。

ホログラフィックメモリの商用化を検討している企業は複数あり、いずれは角砂糖ぐらいの大きさのクリスタルに、何テラバイト（何兆バイト）ものデータを記録できるようになるかもしれません。

193

レーダー

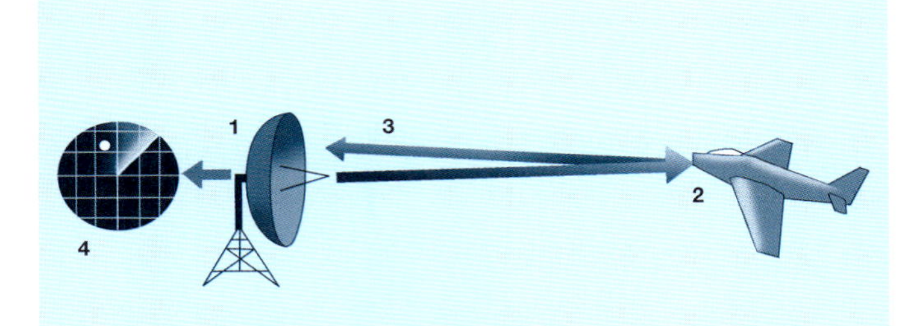

1 アンテナから電波が発射され、その反射波を待つ
2 発射された電波が航空機に反射する
3 反射波がアンテナに戻る
4 電波がとらえた航空機までの距離やその方位が、レーダー指示器に表示される

レーダー（Radar：radio detection and ranging、電波検知測距）は物体を検知し、発射した電波の反射によって、その物体までの距離や速度を計算します。第二次世界大戦の際に急速に開発が進み、現在も航空管制、天気予報、地球や他惑星の地形の衛星画像撮影など、広い範囲で利用されています。

皿のような形のレーダーのアンテナは、電波やマイクロ波のパルスを送信しています。これが経路中にある物体に当たると反射し、受信アンテナに戻ってくるので、その到達時間から対象物体までの距離を求めます。物体がレーダーに向かってきていたり、また逆に離れていっていたりする場合には、ドップラー効果（p.23参照）のため、送信波と反射波の周波数にわずかなずれが生じます。

船に装備されている海上レーダーは、ほかの船との衝突を防止し、また、気象学者はレーダーを使って降雨を観測します。同様のシステムで可視レーザー光を使用するものはLIDAR（p.141参照）と呼ばれ、高精度の計測ができます。

ソナー

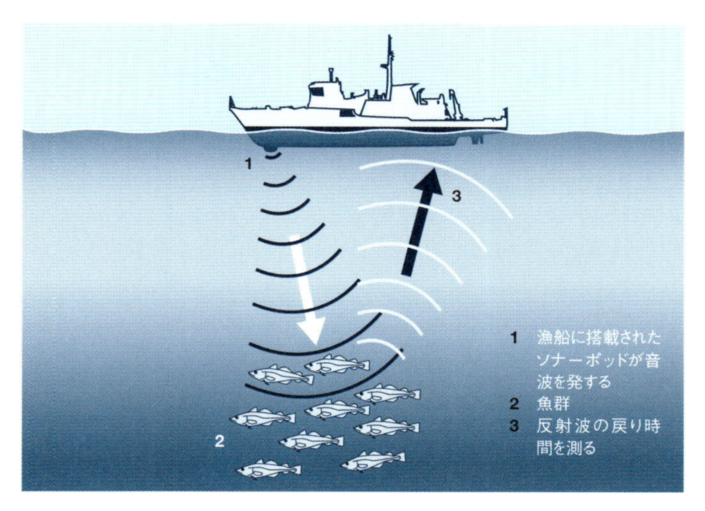

ソナー(Sonar:sound navigation and ranging)とは、船舶の誘導や検知、海底探査のために音波を利用する技術のことです。「パッシブ(受動的)」ソナー装置は、ほかの船舶や潜水艦などが出す音を検知し、「アクティブ(能動的)」ソナー装置は、音波を発射してその反射波をとらえます。

第一次世界大戦の折、敵の潜水艦を検知するために急いで開発された最初の装置がソナーでした。アクティブ・ソナーはピン(ping)と呼ばれる音のパルスを発信し、その反射波の戻り時間を測って障害物までの距離を計算します。ピンには単一周波数のものと、周波数が変化していくものがありますが、後者のほうが反射波からより多くの情報を得られます。ドップラー効果(p.23参照)を利用すれば、送信波と受信波の周波数の違いから、対象物の進行速度を計測することもできます。

漁船は魚群の探知にソナーを使います。また、コウモリやイルカも同じような仕組みでエコーロケーション(反響定位)を行い、仲間や敵、餌などを探知します。

インターネットとワールド・ワイド・ウェブ

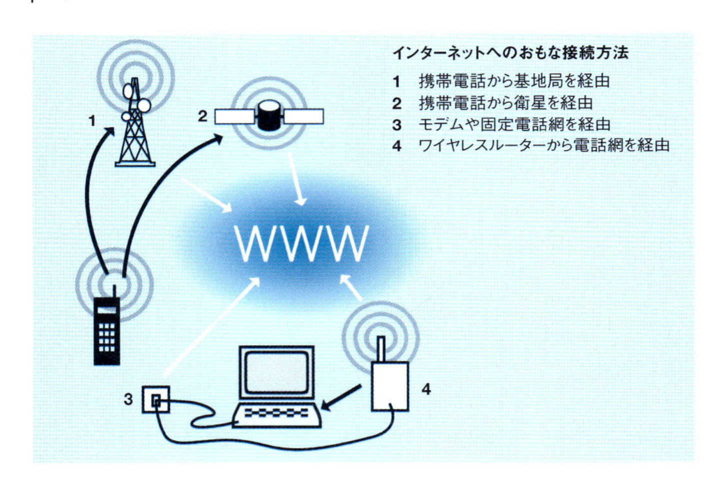

インターネットは、世界中のコンピュータがつながり、「インターネット・プロトコル」を共通言語として相互通信を行うシステムです。民間企業や大学、政府機関などの運用する無数のネットワークが集まり、光ファイバーや電話線、無線などでつながって巨大なネットワークを構成しています。

ワールド・ワイド・ウェブ(World Wide Web)は単にウェブとも呼ばれ、インターネット上で文書類を扱う方法の1つです。ウェブブラウザと呼ばれるソフトウェアを使用すれば、テキストや画像、動画といったマルチメディアが含まれたウェブページを閲覧したり、「ハイパーリンク」からほかのウェブページに飛んだりできます。イギリスのコンピュータ科学者であるティム・バーナーズ＝リーが、フランスとスイスの国境にあるCERN(欧州原子核研究機構)勤務時の1989年にウェブを発明したとされています。

ウェブページの記述には、おもにHTML(hypertext mark-up language)という言語を使います。文字の並びの両端に「タグ」をつけて表示の仕方を指示し、たとえばそれがハイパーリンクだとわかるようにするという具合です。今では世界中のおよそ20億人※がウェブを利用しています。

※原著制作時の状況。2018年末時点で、約39億人とされている

196

インターネットのセキュリティ

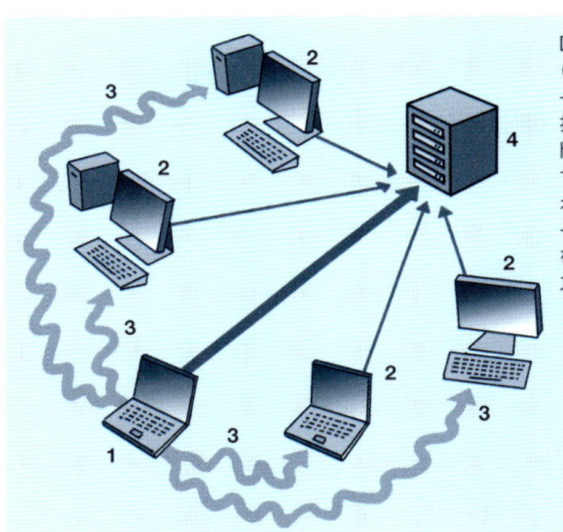

DoS攻撃では、まず攻撃者(1)が他ユーザーのコンピュータ(2)をマルウェア(3)の拡散により乗っ取る。「ボットネット」ができあがったところで、攻撃者が指令を出すと、ボットがいっせいにリモートサーバ(4)に情報リクエストなどを送りつけ、過負荷をかけて攻撃する

インターネットによって情報の伝達は容易になりましたが、同時に「マルウェア」と呼ばれる悪意あるプログラムも拡散しています。コンピュータ・ウイルスはメールを介して広がり、ファイルを消去したり、Windowsなどのオペレーティング・システム(OS)を無効にしたりします。

また、「スパイウェア」のようなマルウェアはコンピュータに密かに入り込み、ユーザーのパスワードを詐欺グループに転送したりします。一方、「ワーム」は自らを複製し、ネットワーク上のほかのコンピュータにコピーを送りつけます。ウイルス対策ソフトウェアを常に更新して新しいマルウェアを検知・除去するとともに、「ファイアーウォール」により許可のない外部からのアクセスを防ぐことが必要です。

DoS攻撃とは、特定の企業などのウェブサイトに短時間で対処不可能な大量のリクエストを送りつけ、そのウェブサイトの機能を妨げるものです。「ボット」と呼ばれるソフトウェアを手先として特定のサイトを攻撃したり、ボット自体をこっそり入り込ませてコンピュータを汚染したりします。DoS攻撃を含むサイバー攻撃は、多くの国で犯罪と見なされています。

分散コンピューティング

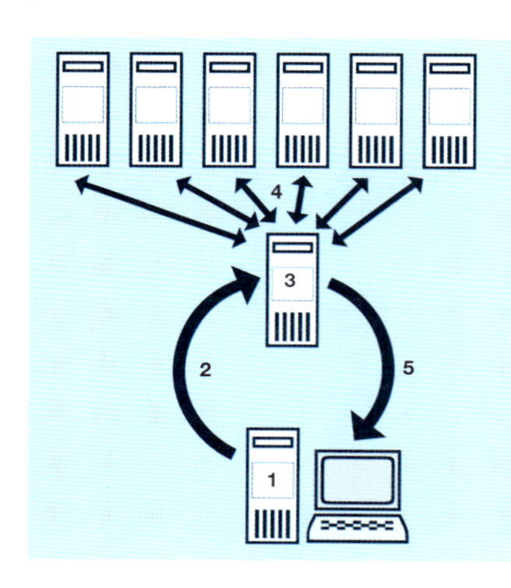

分散コンピューティング

1　マスターコンピュータ
2　作業内容をスケジューラ（ジョブ管理ソフトウェア）に送る
3　スケジューラが作業内容を小さなタスクに分ける
4　各コンピュータがそれぞれタスクを完了し、ネットワークを介して結果を返す
5　最終結果をマスターコンピュータに送る

分散コンピューティング・プロジェクトは、問題解決のために多数のコンピュータがデータ処理を分担し、共同で作業するものです。これにより、タスクをかなり速く完了できます。

分散コンピューティングの手法の1つに、グリッドコンピューティングがあります。あちこちの多数のコンピュータを使って処理を進めるもので、一般家庭のコンピュータを、誰も使っていない時間に活用することもあります。たとえば、1999年に始まった「SETI@Home」プロジェクトには約800万人が登録しました。スクリーンセーバのようなプログラムをダウンロードし、それを利用して、プエルトリコにあるアレシボ天文台の電波望遠鏡データの一部を精査し、地球外生命体からの通信と思われるものなど、通常と異なる信号があればプロジェクト主催者に報告します。

同様に「Folding@home」では、一般公募した人々のコンピュータを使用して、タンパク質の折りたたみ構造（p.71参照）を分析しています。がんやアルツハイマーなどの病気の新しい治療法につながる、貴重な情報が得られるだろうと期待されているプロジェクトです。

音声通信

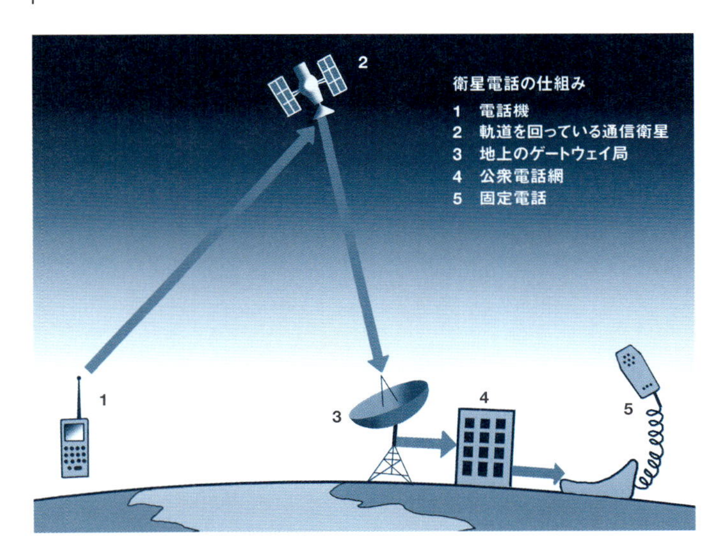

1870年代にスコットランド生まれの米国人科学者、アレクサンダー・グラハム・ベルによって、電線を通して音声を電気的に伝える電話が発明されました。送話器についているマイクが音に反応して振動し、電磁誘導(p.27参照)によって電気信号をつくります。それが電線を伝って受話器に届き、その中で逆の処理が行われて、音声として再生されます。

最初の商用の携帯電話は1970年代後半につくられました。信号を無線で近くの基地局に送り、そこから固定電話網につなげる仕組みです。今日の電話信号のほとんどはデジタルで、0と1の羅列になっています。インターネットの登場後はVoIP(Voice over Internet Protocol)などの音声伝送技術が画期的な進歩をとげ、長距離通信の費用が大幅に下がりました。

衛星電話は、携帯電話の信号が届かず、固定電話網もない離れた地域で使われます。通信衛星と直接通信し、衛星は受信した信号を地上のアンテナに送って公衆電話網につなげます。

光ファイバー

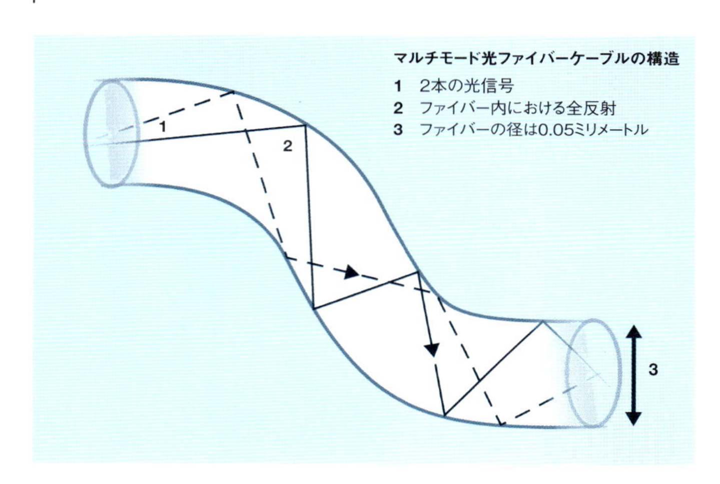

光ファイバーは、ネットワークの光信号を通すための透明で細く柔軟な繊維で、インターネットの情報や通話の音声など、あらゆる種類のデータを伝送します。従来の電話線よりも高速でデータを送信でき、また、途中で信号を増幅することなく、数十キロメートル先まで伝送できます。

光ファイバーの中心には、ガラスかプラスチックでできた細いコアが通っていて、その周囲をクラッドと呼ばれる光学材料が覆っています。全反射と呼ばれる性質を利用し、光信号をファイバー内に閉じ込めたまま伝送することで減衰を防いでいるのです。湿気や損傷から守るため、外側はプラスチックでコーティングが施されており、さらに、普通は数百あるいは数千本の束が1本の被膜ケーブルに収められています。

シングルモードのケーブルは、人間の毛髪より細いコアをある1本の波長だけが通りますが、マルチモードのケーブルはコアが太く、異なる波長の光信号を複数同時に伝送できます。光信号は光ファイバーの中を毎秒20万キロメートルの速さで進むので、世界中のどことでも、声の遅れやエコーにわずらわされることなく通話できます。

GPS

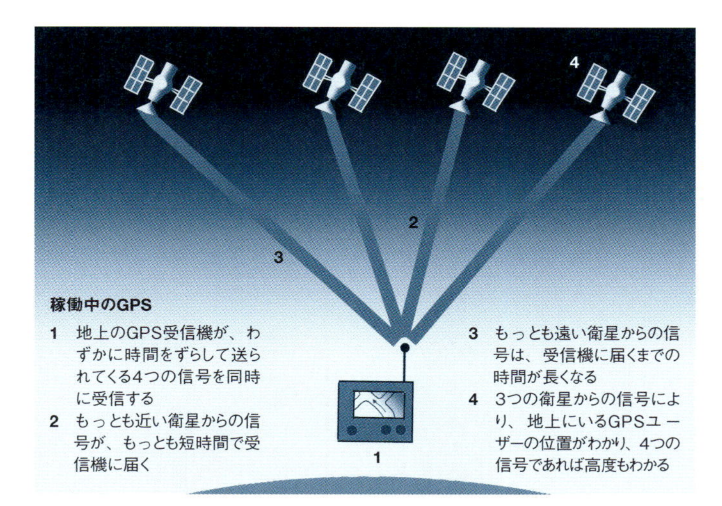

GPS(Global Positioning System、全地球測位システム)は米国政府などが運用する衛星ネットワークであり、地上の受信機にその正確な位置を伝えます。GPS受信機、いわゆるナビゲーションシステムをもっていれば、誰でも簡単にアクセスできます。ロシアにもGLONASSと呼ばれる衛星測位システムがあり、中国や欧州連合、日本もそれぞれ独自で運用しています。

GPS衛星からは現在位置と現在時刻が常に発信されています。受信機は4台、もしくはそれ以上のGPS衛星からの信号を受け、その到達時間から自身の位置を計算し、画面(多くの場合、動く地図画面)上に表示します。

地球の中軌道上には現在、常時24機のGPS衛星が稼働しており、車両のみならず、地図製作会社や航空機、船舶などが利用しています。GPSを利用して位置を特定できるデバイスを使えば、たとえば監視下にある犯罪者や大切なペットなどの現在位置をモニタリングし、携帯電話のネットワーク経由でどこにいるか通知することも可能です。GPS通信のなかには、軍用に暗号化されているものもあります。

※原著制作時の状況。2019年現在、31機が使用されている

著者プロフィール

ヘイゼル・ミュアー (Hazel Muir)

イギリスのエディンバラ大学で天体物理学を学び、科学雑誌『ニュー・サイエンティスト』の編集者・ライターに。のちに独立し、フリーライターとして活動している。『BBC ザ・スカイ・アット・ナイト・マガジン』『ワイアードUK』などでも活躍。自身の記事が評価され、アメリカ物理学協会のサイエンスコミュニケーション賞、アメリカ音響学会のサイエンスライター賞を受賞している。

翻訳　伊藤伸子
p.71〜100(生物)
内山英一
p.6〜51(物理)
片神貴子
p.129〜155(地球科学)、p.156〜159(エネルギー)、
p.160〜183(天文)、p.184〜187(宇宙飛行)
竹﨑紀子
p.188〜205(IT)
日向やよい
p.2〜3(はじめに)、p.52〜70(化学)、p.101〜104(生態系)、
p.105〜107(バイオテクノロジー)、p.108〜117(人体)、
p.118〜128(医学)
翻訳協力　上川典子
株式会社トランネット　http://www.trannet.co.jp/
校正　曽根信寿、青山典裕
イラスト　ティム・ブラウン (Tim Brown)
パトリック・ニュージェント (Patrick Nugent)
ガイ・ハーヴィー (Guy Harvey)
ネイサン・マーティン (Nathan Martin)
本文デザイン・アートディレクション　クニメディア株式会社

本書は2011年に刊行された"SCIENCE IN SECONDS"を翻訳したもので、
「※」で始まる注釈などは、翻訳時の補足です

サイエンス・アイ新書

SIS-442

https://sciencei.sbcr.jp/

1分間サイエンス

手軽に学べる科学の重要テーマ200

2019年12月25日　初版第1刷発行

著　　者　ヘイゼル・ミュアー
翻　　訳　伊藤伸子、内山英一、片神貴子、
　　　　　竹﨑紀子、日向やよい
発 行 者　小川 淳
発 行 所　SBクリエイティブ株式会社
　　　　　〒106-0032 東京都港区六本木2-4-5
　　　　　電話：03-5549-1201（営業部）
装　　丁　渡辺 縁
組　　版　クニメディア株式会社
印刷・製本　株式会社シナノ パブリッシング プレス

　ISBN 978-4-8156-0001-3

SB Creative